Andrea Eigel

Personalmanagement

Teil 1: Personal planen und gewinnen

Andrea Eigel

Personalmanagement

Teil 1: Personal planen und gewinnen

3., überarbeitete Auflage 2021

Lektorat: Achim Sacher, Holzmann Medien | Buchverlag
Herstellung: Markus Kratofil, Holzmann Medien | Buchverlag
Druck: Druckerei Steinmeier | Deiningen

ISBN (Print): 978-3-7783-1568-2 | Artikel-Nr. 1818.03
ISBN (E-Book): 978-3-7783-1569-2 | Artikel-Nr. 1818.96

Vorwort der Herausgeber

Am 1. April 2011 ist die nach § 42 des Gesetzes zur Ordnung des Handwerks (HwO) erlassene bundesweite Verordnung über die Prüfung zum anerkannten Fortbildungsabschluss „Geprüfter Betriebswirt/Geprüfte Betriebswirtin nach der Handwerksordnung“ in Kraft getreten. Damit werden die bisherigen Regelungen bei den einzelnen Handwerkskammern durch eine bundeseinheitliche Rechtsverordnung ersetzt.

Gemäß den Intensionen des Zentralverbands des Deutschen Handwerks liegt das Ziel der neuen, bundeseinheitlichen Fortbildungsmaßnahme „... in der Vertiefung des betriebswirtschaftlichen-strategischen Verständnisses der Unternehmensführung. Im Vergleich zu den bisherigen Kammerregelungen ist die bundeseinheitliche Verordnung stärker auf eine Reflexion komplexer wirtschaftlicher Zusammenhänge und auf die Entwicklung konkreter Unternehmensstrategien ausgerichtet“. Das heißt: Die Fortbildungsteilnehmer sollen vor allem noch besser befähigt werden,

- das Unternehmen als ein vernetztes System von kundenorientierten Geschäftsprozessen zu verstehen, zu gestalten, zu planen und zu steuern;
- ganzheitlich kundenorientierte Unternehmensstrategien zu entwickeln und
- diese in operativ erfolgreiche Produkte, Dienstleistungen und Maßnahmen innerhalb und außerhalb des Unternehmens gewinnwirksam umzusetzen.

Die hierzu erforderlichen Methoden-, Führungs- und Sozialkompetenzen sind Gegenstand dieser Fortbildungsmaßnahme und prägen Inhalt und Struktur des neuen Rahmenlehrplans, der unter Federführung des Zentralverbandes des Deutschen Handwerks (ZDH), Berlin, erarbeitet wurde. Dem Expertengremium gehörten Vertreter von Handwerkskammern und dem Bundesinstitut für Berufsbildung (BIBB) an. Der neue Rahmenlehrplan sichert bei der Fortbildung zum/r „Geprüfte/n Betriebswirt/in nach der HwO“ bundesweit vergleichbare Standards. Dies ist ein wichtiger Beitrag, die hohe Qualität der beruflichen Aufstiegsfortbildung in Handwerk und Mittelstand zu gewährleisten.

Die Prüfung zum „Geprüfter Betriebswirt/Geprüfte Betriebswirtin nach der HwO“ ist in die vier handlungsorientierten Prüfungsteile Unternehmensstrategie, Unternehmensführung, Personalmanagement und Innovationsmanagement gegliedert, deren Prüfungsinhalte von der Zentralstelle für die Weiterbildung im Handwerk e. V. (ZWH) in der Information zur Umsetzung der Verordnung „Geprüfter Betriebswirt/Geprüfte Betriebswirtin nach der HwO“ (November 2011) wie folgt umschrieben werden:

Im Prüfungsteil **Unternehmensstrategie** geht es darum, dass die Prüfungsteilnehmer zeigen, dass sie volkswirtschaftliche und gesellschaftliche Rahmenbedingungen im Hinblick auf die eigene Unternehmensstrategie erfassen und bewerten können. Außerdem sollen die künftigen Betriebswirte/-innen befähigt sein, rechtliche Rahmenbedingungen für unternehmerisches Handeln und strategische Entscheidungen zu bewerten und zu berücksichtigen sowie eine geeignete Unternehmensstrategie zu entwickeln und zu planen.

Im Prüfungsteil **Unternehmensführung** soll die Unternehmensstrategie durch Maßnahmen der Unternehmensführung und -organisation sowie der Markt- und Kundenorientierung nachhaltig umgesetzt und durch die Gestaltung der Unternehmensrechnung die wesentlichen Grundlagen des Jahresabschlusses und seiner Analyse sowie die Kosten- und Leistungsrechnung und die Finanzwirtschaft gelegt werden. Zudem soll die Wertschöpfung durch kontinuierliche Verbesserung der Geschäftsprozesse optimiert werden.

Die Prüfungsteilnehmer sollen im Prüfungsteil **Personalmanagement** nachweisen, dass sie mit Blick auf die Unternehmensstrategie eine nachhaltige und ethisch verantwortungsvolle Personalplanung und -gewinnungspolitik realisieren sowie Personalführung und -entwicklung entsprechend den individuellen und den Unternehmensinteressen motivierend gestalten können.

Eine komplexe betriebswirtschaftliche Problemstellung eines Unternehmens soll im Prüfungsteil **Innovationsmanagement** mit einem Lösungsentwurf (Projektarbeit) erarbeitet und präsentiert werden. Dabei sind Bezüge zur Unternehmensstrategie, die Auswirkungen auf die operative Unternehmensführung haben und einen Innovationsbedarf zur Umsetzung der Unternehmensstrategie beinhalten, darzustellen.

Damit wird deutlich, dass im Vergleich zur bisherigen Verordnung im bundesweiten Fortbildungsabschluss die **Ausrichtung auf strategisches Handeln** einen besonderen Stellenwert einnimmt, der in allen Prüfungsteilen zum Tragen kommt.

Auf diese neuen, verstärkt handlungsorientierten Anforderungen sind auch die Lehr- und Lernunterlagen auszurichten. Daher haben Herausgeber und Verlag die vorliegende Schriftenreihe „Kompetenzen zum Erfolg“ konzipiert. Aufbau und Inhalt entsprechen den Vorgaben des Rahmenlehrplans und den oben dargestellten Prüfungsinhalten.

Die Lehr- und Lernbuchreihe **„Kompetenzen zum Erfolg“** besteht aus zehn inhaltlich abgestimmten Bänden entsprechend den vier Prüfungsteilen der neuen Verordnung:

Band 1: **Volkswirtschaft** – Rahmenbedingungen für eine Unternehmensstrategie

Band 2: **Unternehmensrecht** – Zivilrecht, Arbeits-, Steuer- und Handwerksrecht

Band 3: **Unternehmensstrategie** – Instrumente und Methoden zur Strategieentwicklung

Band 4: **Unternehmensführung** und -organisation – Betriebliche Abläufe erfolgreich gestalten

Band 5: **Unternehmensrechnung** – Finanzwirtschaft, Jahresabschluss, Kostenrechnung

Band 6: **Marketing und Kundenmanagement** – Strategien und Instrumente erfolgreicher Kundengewinnung und Kundenpflege

Band 7: **Wertschöpfung** – Instrumente, Methoden und Analysen zur Prozessoptimierung

Band 8: **Personalmanagement (Teil I)** – Personal planen und gewinnen

Band 9: **Personalmanagement (Teil II)** – Personal führen und entwickeln

Band 10: **Innovationsmanagement** – Betriebliche Probleme strategisch lösen

Bei der inhaltlichen Gestaltung der einzelnen Bände wurde auf eine handlungsorientierte Wissensvermittlung sehr großen Wert gelegt. Daher ist fast ausnahmslos jedem Kapitel eine Handlungssituation (Fallbeispiel) vorangestellt, deren Probleme vom Lernenden anhand der darauf folgenden Ausführungen im Selbststudium oder unter Anleitung eines/r Dozenten/Dozentin gelöst werden können. Auch im Text sind zahlreiche problemorientierte Handlungssituationen eingebaut, zu deren Lösung sich der/die Lernende das erforderliche Problemlösungswissen erwerben und seine/ihre (Fach-)Kompetenz einsetzen muss. Zur Überprüfung der erworbenen Kompetenz wird jedes Kapitel mit einer umfassenden Handlungssituation/Fallstudie abgeschlossen, wobei auch hier auf die unternehmensstrategischen Aspekte besonders berücksichtigt wurden.

Ergänzend zu den Lehr- und Lernbüchern der Schriftenreihe werden den Dozenten/Dozentinnen in den Handwerksakademien zusätzlich fachspezifische Unterlagen zur handlungsorientierten Unterrichtsgestaltung, zur Vertiefung der Wissensvermittlung und zur Verwendung in der Managementpraxis zur Verfügung gestellt. Das erleichtert die buchbezogene Vorbereitung und Gestaltung des Unterrichts, ohne die individuelle Schwerpunktbildung bei der Wissensvermittlung einzuschränken.

Die vorliegende Lehr- und Lernschriftenreihe **„Kompetenzen zum Erfolg“** dient nicht nur einer bestmöglichen Vorbereitung auf die Prüfung „Geprüfter Betriebswirt/Geprüfte Betriebswirtin nach der Handwerksordnung“. Sie ist auch ein sehr hilfreiches Handbuch und Nachschlagewerk für die täglichen Entscheidungssituationen in der Unternehmensführung – sei es als Unternehmer, Geschäftsführer oder als leitende Führungskraft in einem Handwerksunternehmen. Dabei sind die praxisbezogene Gestaltung der Abbildungen und Checklisten, Hervorhebungen und Marginalien sowie ein ausführliches Stichwortverzeichnis am Ende eines jeden Buches eine große Hilfe.

Bei der Arbeit mit der Lehrbuchreihe „Kompetenzen zum Erfolg“, bei der Vorbereitung auf die Prüfung und nicht zuletzt bei der Ablegung der Prüfung wünschen wir Ihnen viel Erfolg!

Die Herausgeber und
Holzmann Medien | Buchverlag

Vorwort der Autorin

Nicht umsonst heißt es: das Vermögen eines Unternehmens ist das, was seine Mitarbeiter vermögen. Gerade im Handwerk hängt der betriebliche Erfolg in hohem Maße von der Leistung der Mitarbeiter ab. Doch gutes Personal zu finden und zu binden, ist mittlerweile für viele Handwerksbetriebe zu einer echten Herausforderung geworden.

Kompetenz in Personalmanagement ist heute für die Führung eines Handwerksbetriebs und die Erreichung der unternehmerischen Ziele unverzichtbar. Dazu gehört unter anderem, sich als attraktiver Arbeitgeber im Arbeitsmarkt zu positionieren, den Personalbedarf des Betriebs zielführend zu planen und mit geeigneten Maßnahmen zu decken. Ebenso gehört dazu, eine stimmige Unternehmenskultur zu entwickeln, die die Identifikation und Motivation der Mitarbeiter fördert. Die dafür notwendigen Informationen und Kenntnisse zu vermitteln, ist Zielsetzung dieses Buchs.

Entsprechend der Vorgaben des Rahmenlehrplans ist der vorliegende Band „Personalmanagement (Teil 1)“ aus der Lehrbuchreihe „Kompetenzen zum Erfolg“ in drei Bereiche gegliedert:

- Unternehmenskultur auf- und ausbauen sowie überprüfen
- Quantitative und qualitative Personalplanung entwickeln und bedarfsgerecht anpassen
- Personalmarketingkonzept planen, umsetzen und überprüfen, Mitarbeiter und Mitarbeiterinnen gewinnen und auswählen.

Alle Teile enthalten zahlreiche Handlungssituationen und Beispiele aus dem betrieblichen Alltag. Sie dienen der Verknüpfung von theoretischem Wissen und betrieblicher Praxis und regen darüber hinaus zu eigenen Handlungsvorschlägen an.

Der besseren Lesbarkeit wegen wird im Buch meist der Begriff „Mitarbeiter“ verwendet. Ich hoffe, die Mitarbeiterinnen sind damit einverstanden und fühlen sich genauso angesprochen.

Ich wünsche allen Leserinnen und Lesern viele interessante Erkenntnisse bei der Lektüre und eine erfolgreiche Umsetzung ihres Wissens in die Praxis.

Bietigheim-Bissingen, im Mai 2021

Andrea Eigel

Inhaltsverzeichnis

1. Unternehmenskultur auf- und ausbauen sowie überprüfen

Lernziele und Kompetenzen

Jedes Unternehmen ist gekennzeichnet durch eine Unternehmenskultur. Sie prägt das Verhalten der Mitglieder sowie die Struktur des Unternehmens und hat Auswirkungen auf dessen wirtschaftlichen Erfolg. Geprüfte Betriebswirte/innen nach der HwO beeinflussen als Führungskräfte die Unternehmenskultur eines Handwerksbetriebs. Und sie steuern und fördern ihre Stimmigkeit mit den Zielen des Betriebs und den Werteentwicklungen der Mitarbeiter sowie des betrieblichen Umfelds.

Die Lehr- und Lerninhalte dieses Kapitels sind so gestaltet, dass Sie die Kompetenz erwerben,

- die Unternehmenskultur eines Betriebs zu erfassen,
- sie weiterzuentwickeln und
- sie zu verändern.

Handlungssituation (Fallbeispiel)

Fallbeispiel 1

Martin Buck ist seit zehn Monaten Inhaber eines Betriebs für Elektroinstallationen. Es ist schon früh sein Wunsch gewesen, einmal einen eigenen Betrieb zu leiten. Darum hat er nicht nur eine solide Ausbildung in einem guten Handwerksbetrieb gemacht, sondern sich auch ständig fachlich weitergebildet und wichtige betriebswirtschaftliche Kenntnisse erworben.

Sein letzter Chef hat ihn in seinen Bemühungen immer unterstützt und sehr gefördert. Noch heute kann Martin Buck ihn anrufen, wenn er Fragen und Probleme hat. Er weiß, dass das nicht selbstverständlich ist und schätzt den ehemaligen Chef sehr. Auch dessen Art der Betriebs- und Personalführung hat er immer als vorbildlich empfunden. Ganz vieles, was er in seinem alten Betrieb an Abläufen und Regelungen kennen gelernt hat, möchte er auch in seinem Betrieb verwirklichen.

Bisher ist er mit diesem Vorhaben allerdings noch nicht sehr erfolgreich, was ihn sehr frustriert. Warum seine guten Ideen im eigenen Betrieb nicht fruchten, kann er nicht wirklich verstehen.

Mit Begeisterung hatte er zugegriffen, als ihm der Betrieb zum Kauf angeboten wurde. Der Betrieb hatte einen guten Ruf, viele Stammkunden und treue Mitarbeiter.

Natürlich hatte ihm das ganze Erscheinungsbild des Betriebs zu Anfang nicht so recht gefallen. Vieles schien ein wenig antiquiert und schon lange nicht mehr verändert worden zu sein. Doch gemeinsam mit einer Werbeagentur hat Martin Buck den gesamten Außenauftritt des Betriebs auf Vordermann gebracht.

Auch intern hat sich seit der Übernahme einiges getan: Die Auftragsabwicklung hat sich verändert. Martin Buck hat Mitarbeiterbesprechungen eingeführt. Und statt der langweiligen Weihnachtsfeier mit Familienanhang und Mitarbeiterehrungen hat er einen Mitarbeiterabend auf der Cart-Bahn organisiert.

Eigentlich hat er damit gerechnet, dass die Mitarbeiter seine Neuerungen erfreut aufnehmen. Doch das ist offensichtlich nicht der Fall. Viele Mitarbeiter scheinen eher unsicher oder auch ablehnend zu sein. Die Aufträge laufen nicht reibungslos. Ein Mitarbeiter hat gekündigt. Und bei den Mitarbeiterbesprechungen sagt niemand einen Ton, obwohl doch alle jetzt endlich einmal die Chance hätten, ihre Meinung oder Wünsche zu äußern.

Martin Buck ist langsam unsicher, ob der Betriebskauf tatsächlich eine so gute Idee war. Liegt es an ihm, dass der Betrieb gerade nicht so läuft, wie gewünscht? Packt er es falsch an? Ist der Betrieb doch nicht so gut, wie gedacht? Oder ist er einfach zu ungeduldig? Er überlegt sich, seinen ehemaligen Chef um Rat fragen.

Situationsbezogene Fragen

- Wie beurteilen Sie die Situation in Martin Bucks Betrieb?
- Welche Gründe könnte es dafür geben, dass seine Neuerungen nicht sofort im Betrieb angenommen werden?
- Welche Ratschläge wird ihm sein früherer Chef wohl geben?

1.1 Die Unternehmenskultur

1.1.1 Definition und Grundlagen der Unternehmenskultur

Die spezifische Art eines Betriebs

Kein Handwerksbetrieb gleicht dem anderen, jeder Betrieb hat seine ganz eigene Art. So gibt es beispielsweise in jedem Betrieb typische Umgangsformen, einen spezifischen Ton in der Kommunikation und eigene Regeln, die jedem Mitarbeiter selbstverständlich sind und nicht hinterfragt werden.

Diese Besonderheiten eines Betriebs sind den Betriebsmitgliedern oft gar nicht bewusst. Leichter werden sie von Außenstehenden bemerkt: Im einen Betrieb sind die

Mitarbeiter gut informiert, im anderen nicht. Bei Fehlern und Reklamationen wird im einen Betrieb laut kritisiert und nach Schuldigen gesucht, im anderen Betrieb versucht man, sachlich Lösungen zu finden. Kunden werden im einen Betrieb freundlich und zuvorkommend angesprochen, im anderen eher ruppig behandelt. In der Werkstatt des einen Betriebs herrscht immer eine geregelte Ordnung, in der Werkstatt des anderen hat nichts einen festen Platz.

Definition der Unternehmenskultur

Geprägt wird ein Betrieb von seiner Unternehmenskultur. Ob gezielt gesteuert oder ungeplant entstanden und darum vielen gar nicht bewusst: eine Unternehmenskultur existiert in jedem Betrieb. Sie bildet die Grundlage für alles, was in einem Unternehmen getan und gedacht wird. Die Unternehmenskultur (auch Organisationskultur oder Corporate Culture genannt) gilt als Kern oder „DNA" eines Unternehmens [1]. Sie ist die Zusammenfassung der Traditionen, Werte, Normen und Haltungen in einem Unternehmen. Sie beeinflusst und lenkt sämtliche Betriebsmitglieder, wie sie auch selbst von den Betriebsmitgliedern beeinflusst wird [2].

Leitl und Sackmann definieren: „Eine Unternehmenskultur beruht auf jenen grundlegenden gemeinsamen Überzeugungen, die das Denken, Handeln und Empfinden der Führungskräfte und Mitarbeiter im Unternehmen maßgeblich beeinflussen. Diese gerinnen zu dem, was für das Unternehmen typisch ist und dienen den Führungskräften und Mitarbeitern als eine Art mentale Landkarte für ihr Denken und Handeln." [3]

Sie kann auch beschrieben werden „als die Menge der Gewohnheiten, in der sich ein Unternehmen von seiner Umgebung unterscheidet". [4]

Die Unternehmenskultur entsteht mit der Zeit aus dem Verhalten sowie den Einstellungen und Werten aller mit einem Betrieb in Beziehung stehenden Menschen. Gerade in kleineren Handwerksbetrieben wird sie stark von der Persönlichkeit der Inhaber geprägt.

Normen und Werte

Verhaltensweisen, die sich als erfolgreich erweisen und von der Führung oder vielen Betriebsmitgliedern befürwortet werden, entwickeln sich ausgesprochen oder unausgesprochen zu Regeln. Gelten sie im Betrieb als verbindlich, werden sie auch als **Normen** bezeichnet. Neue Mitarbeiter lernen durch Vorgaben und die spürbaren Erwartungen ihrer Kollegen, die Normen sukzessive als selbstverständlich zu betrachten und in ihr eigenes Verhalten zu übernehmen.

Aus den Einstellungen und Werten der Betriebsmitglieder entsteht das Wertesystem des Betriebs. Als **Werte** gelten die Prinzipien, Qualitäten und Tugenden, die für einen Einzelnen oder eine Gruppe als wünschenswert und unverzichtbar angesehen werden. Beispiele für Werte sind etwa Respekt, Toleranz, Freundlichkeit, Zuverlässigkeit, Sicherheit oder Unabhängigkeit.

Persönliche und betriebliche Werte

Die persönlichen Werte eines Menschen drücken aus, was ihm im Leben wichtig ist. Wie ein Kompass leiten sie seine Wahrnehmung und sein Handeln. Kann der Mensch seinen Werten folgen, empfindet er Sinn in seinem Verhalten.

Die Unternehmenskultur spiegelt die in der Betriebsgemeinschaft vorherrschenden Wertvorstellungen wieder. Die betrieblichen Werte zeigen, worauf es im Betrieb ankommt und welchen Prinzipien das Verhalten im Innen- und Außenverhältnis folgt. Damit vermitteln sie allen Betriebsmitgliedern Sinn und Orientierung für ihr Handeln im Betrieb.

Wertekonflikte

Stehen die persönlichen Werte eines Mitarbeiters in zu starkem Konflikt zu den Werten und Strukturen eines Betriebs, kann sich dies negativ auf die Motivation niederschlagen und eventuell sogar dazu führen, dass der Mitarbeiter den Betrieb verlässt. Sind einem Mitarbeiter z. B. Werte wie Pünktlichkeit und Zuverlässigkeit wichtig, achtet aber innerhalb des Betriebs niemand auf den pünktlichen Beginn von Besprechungen, werden Aufträge meist nicht termintreu bearbeitet und nimmt man es auch mit der zuverlässigen Einhaltung von Versprechungen gegenüber Kunden und Mitarbeitern nicht so genau, wird er sich auf Dauer im Betrieb nicht wohlfühlen und engagieren. Kann sich der Mitarbeiter dagegen mit den Werten des Betriebs identifizieren, vermittelt ihm seine Arbeit Zufriedenheit und Sinn.

Die Unternehmenskultur eines Betriebs ist nicht statisch. Ein Wertewandel der mit dem Betrieb in Beziehung stehenden Menschen z. B. schlägt sich nach und nach auch in der Unternehmenskultur nieder. Erkennt eine Betriebsführung diese Entwicklungen nicht und hält unverändert an alten Regeln und Abläufen fest, führt dies zu Konflikten.

Unternehmenskultur ist nicht übertragbar

Jeder Betrieb hat seine spezifische Unternehmenskultur. Sie lässt sich nicht von einem Betrieb auf einen anderen übertragen. Martin Buck aus obigem Beispiel kann daher dem gekauften Betrieb, der über Jahre schon eine Unternehmenskultur entwickelt und weitergetragen hat, nicht die Kultur seines ehemaligen Betriebs überstülpen. Er muss sich vielmehr mit der bestehenden Kultur auseinandersetzen und kann versuchen, diese schrittweise zu verändern.

Selbst die Übertragung von Verhaltensweisen und Instrumenten der einen Betriebsniederlassung in eine Niederlassung des Betriebs in einer anderen Region oder einem anderen Land kann sich als schwierig erweisen. Die regionale und nationale Mentalität haben Einfluss auf die Unternehmenskultur und befördern unterschiedliche Sicht- und Vorgehensweisen. Pünktlichkeit und Termintreue sind z. B. leichter in einem Umfeld durchzusetzen, in dem diese Werte als selbstverständlich für die Arbeitswelt gelten, als in Gesellschaften, in denen sie keinen hohen Stellenwert besitzen. [5]

Unternehmenszusammenschlüsse scheitern, wenn die Unternehmenskulturen der fusionierenden Unternehmen nicht ausreichend berücksichtigt werden oder sich als unvereinbar erweisen.

Ein Betrieb hat also nicht die Wahl, sich für oder gegen das Vorhandensein einer Unternehmenskultur zu entscheiden. [6] Er hat nur die Möglichkeit, die Unternehmenskultur aktiv im Sinne seiner Ziele mitzugestalten.

1.1.2 Ausdrucksformen der Unternehmenskultur

Handlungssituation (Fallbeispiel)

Fallbeispiel 2

Susanne Kramer lässt den Tag Revue passieren – der erste Arbeitstag im neuen Betrieb. Und mit dem Verlauf ist sie sehr zufrieden.

Eine Kollegin hatte sie gleich an der Tür freundlich begrüßt und ihr den Parkplatz für morgen gezeigt. Heute hatte sie fälschlicherweise in der ersten Reihe geparkt, die scheinbar nur den Führungskräften vorbehalten ist.

Die Kollegin hatte sie anschließend mit der betriebseinheitlichen Kleidung ausgestattet – alles bedruckt mit dem Firmenlogo. Das Firmenlogo war überall zu sehen: auf den Fahrzeugen, an der Eingangstür, auf allen Drucksachen und sogar im Sozialraum der Mitarbeiter.

Gleich aufgefallen war ihr die Ordnung überall. Jede Maschine und jedes Werkzeug hat wohl einen festen Platz, der teilweise sogar auf dem Boden oder an der Wand markiert ist.

Das Betriebsklima schien ganz gut zu sein. Alle Mitarbeiter hatten sich freundlich am Morgen begrüßt und am Abend verabschiedet. Mittags hatte einer der Kollegen den Auszubildenden ein bisschen ruppig angefahren – war aber direkt vom Meister darauf angesprochen worden.

Kurz vor Feierabend hatte der Chef sie zu sich gerufen. Sein Büro hatte sie bei dieser Gelegenheit zum ersten Mal gesehen, da das Bewerbungsgespräch im Besprechungsraum stattgefunden hatte. An jeder Wand im Büro hingen Bilder: Aufnahmen vom Bau des Betriebsgebäudes, von Jubiläumsveranstaltungen und vom Seniorchef, dem Betriebsgründer. Von diesem hatte ihr der Chef dann eine ganze Menge erzählt. Und er hatte immer wieder betont, wie wichtig eine starke Unternehmenskultur für den Erfolg eines Betriebs ist.

Leider weiß Susanne Kramer gar nicht genau, was er mit Unternehmenskultur gemeint hat. Vielleicht findet sie ja ein paar Hinweise in der Mappe mit den Firmenbroschüren und dem Leitbild, das ihr der Chef am Ende des Gesprächs in die Hand gedrückt hat.

Situationsbezogene Fragen

- Woran kann man die Unternehmenskultur eines Betriebs erkennen?
- Wodurch zeichnet sich Susanne Kramers neuer Arbeitgeber besonders aus?

Werte und Normen als Elemente der Unternehmenskultur

Werte und Normen sind die zentralen Elemente der Unternehmenskultur. Werte vermitteln, was im Betrieb erwünscht oder unerwünscht ist. Normen machen deutlich, was im Betrieb zulässig oder unzulässig ist, beziehungsweise unterstützt oder nicht unterstützt wird. Sie beziehen sich z. B. auf:

- Ziele und Aufgaben des Betriebs,
- den persönlichen Umgang mit Führungskräften, Kollegen, Kunden oder Dienstleistern,
- den Qualitätsstandard,
- das Führungsverhalten,
- die Machtverteilung,
- das Mitarbeiterengagement,
- die Weitergabe von Informationen,
- den Umgang mit Fehlern und Reklamationen,
- die Mitbestimmungsmöglichkeiten der Betriebsmitglieder,
- die Ordnung im Betrieb oder
- den Umgang mit Neuerungen.

Ausdrucksformen der Unternehmenskultur

Die Unternehmenskultur ist teils sichtbar, teils unsichtbar. Erkennbar wird sie z. B. in

- **Symbolen,** z. B. Logo, Kleiderordnung, Verteilung von Statussymbolen (z. B. Firmenwagen) und Titeln, Sitzverteilung in Besprechungen oder Markierung von Parkplätzen,
- **Geschichten und Mythen,** z. B. Erzählungen über die Betriebsgründung, die Betriebsgründer, verdiente Mitarbeiter oder wichtige Betriebsereignisse,
- der **Sprache**, z. B. Verwendung von Fachbegriffen, Höflichkeitsformen, Vornamen, Spitznamen oder Dialekt,
- **Ritualen**, z. B. Begrüßung per Handschlag, Mitarbeiterehrungen, Firmenfeste oder Ausflüge.

Diese Elemente sind Ausdruck der Unternehmenskultur, dienen zugleich aber auch ihrer Weitergabe. [7]

1.1.3 Modelle der Unternehmenskultur

Fallbeispiel 3

Handlungssituation (Fallbeispiel)

Rita Bastian ist sauer. Sie ist Inhaberin einer Bäckerei und legt großen Wert auf einen respektvollen und freundlichen Umgang in ihrem Betrieb. Darum gefällt ihr überhaupt nicht, wie unfair und unfreundlich einige ihrer Mitarbeiter die neuen Auszubildenden behandeln.

Rita Bastian hat sich nach mehreren Jahren, in denen ihr Betrieb nicht ausgebildet hat, wieder intensiv um die Gewinnung von Auszubildenden bemüht und ist froh, dass sich gleich zwei junge Leute für ihren Betrieb entschieden haben. Von vielen ihrer Kollegenbetriebe weiß sie, dass diese leer ausgegangen sind. Natürlich sind ihr auch schon die Stärken und Schwächen ihrer Auszubildenden aufgefallen. Die hat aber jeder ihrer Mitarbeiter. Und selbstverständlich fehlt es ihnen auch noch an wichtigen Grundkenntnissen. Doch all das ist für Rita Bastian kein Grund, die Auszubildenden so anzugehen. Der Ton passt ihr einfach nicht.

Bei der letzten Mitarbeitersitzung hat sie das Thema angesprochen und einen anderen Umgangston angemahnt. Sie hat ihre Mitarbeiter bei dieser Gelegenheit auch noch einmal an ihre eigene Ausbildungszeit erinnert und auf die sich verändernden Eigenschaften von Jugendlichen hingewiesen. Darum kann sie überhaupt nicht verstehen und akzeptieren, wie einer ihrer Mitarbeiter gerade wieder vor mehreren Kollegen einen der Auszubildenden beschimpft hat. Hat der Mann nicht verstanden, um was es ihr geht?

Situationsbezogene Fragen

- Worin können Gründe für das Verhalten des Mitarbeiters liegen?
- Warum hat die Ansprache von Rita Bastian bei der Mitarbeitersitzung scheinbar zu keiner Besserung geführt?

1.1.3.1 Kultur-Ebenen-Modell

Eines der bekanntesten Modelle zur Beschreibung der Unternehmenskultur ist das **Kultur-Ebenen-Modell** von Edgar H. Schein. Nach Schein bewegt sich die Unternehmenskultur auf drei sich gegenseitig beeinflussenden Ebenen.

Kultur-Ebenen-Modell von Schein

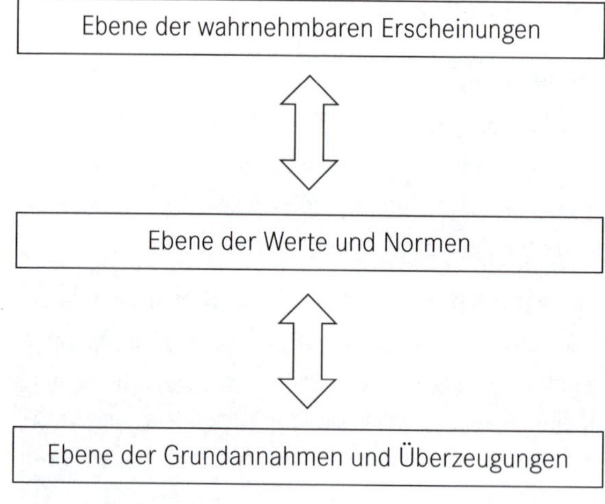

„Kultur-Ebenen-Modell" von Schein

Obere Ebene

Auf der oberen Ebene, quasi an der Oberfläche, befinden sich die wahrnehmbaren Erscheinungen der Unternehmenskultur. Sie gliedern sich in materielle und immaterielle Komponenten. Zu den materiellen Komponenten zählen z. B. die Architektur, die verwendete Technologie oder die Kleiderordnung. „Diese Objekte sind erste Indikatoren für Unternehmenskultur. Ihre kulturelle Bedeutung ergibt sich aber erst durch die Interpretation der Mitarbeiter." [8] Zu den immateriellen Komponenten gehören beispielsweise das Kommunikationsverhalten, Geschichten oder Rituale.

Mittlere Ebene

Die mittlere Ebene ist die Ebene der Werte und Normen. Sie ist teilweise bewusst, teils auch unbewusst. Sie ist meist nur über gezeigtes Verhalten erkennbar.

Untere Ebene

Die Grundannahmen und Überzeugungen bilden die untere Ebene des Modells. Es handelt sich hierbei um die Einstellungen, die als selbstverständlich gelten und so tief in den Betriebsmitgliedern verwurzelt sind, dass sie von diesen nicht bewusst wahrgenommen werden. Beispiele sind die Grundeinstellungen zu Arbeit, dem Menschen, der Umwelt oder Führung.

Nach Schein kann eine Unternehmenskultur verändert werden. Dies geschieht jedoch nicht kurzfristig und bedingt eine Berücksichtigung aller Ebenen.

So kann zwar auf der oberen Ebene durch die Formulierung eines Leitbilds versucht werden, im Betrieb einheitliche Höflichkeitsformen zu etablieren – solange die Höflichkeit jedoch nicht als Wert akzeptiert (mittlere Ebene) und von den Betriebsmitgliedern verinnerlicht (untere Ebene) worden ist, werden sich die gewünschten Verhaltensweisen nicht dauerhaft und einheitlich durchsetzen. [9]

Änderung der Unternehmenskultur

Die Grundannahmen auf der unteren Ebene könnten auch ein möglicher Auslöser für das Verhalten des Mitarbeiters gegenüber dem Auszubildenden in obiger Handlungssituation gewesen sein. Solange beispielsweise immer noch die Überzeugung bei ihm und anderen seiner Kollegen vorherrscht, dass die „heutige Jugend" nur negative Eigenschaften mitbringt und man in der Ausbildung eben auch mal eine klare Kante gezeigt bekommen muss, wird er trotz anders lautender Vorgaben immer wieder in sein altes Verhaltensmuster zurückfallen. Eine Änderung der Unternehmenskultur benötigt Zeit, intensive Kommunikation und vor allem das konsequente Vorbild durch die Chefetage und Führungskräfte.

1.1.3.2 Eisbergmodell

Dass nur bestimmte Elemente der Unternehmenskultur bewusst wahrgenommen werden, der größte Teil aber unbewusst bleibt, ist eine der wesentlichen Annahmen des **Eisbergmodells der Unternehmenskultur**.

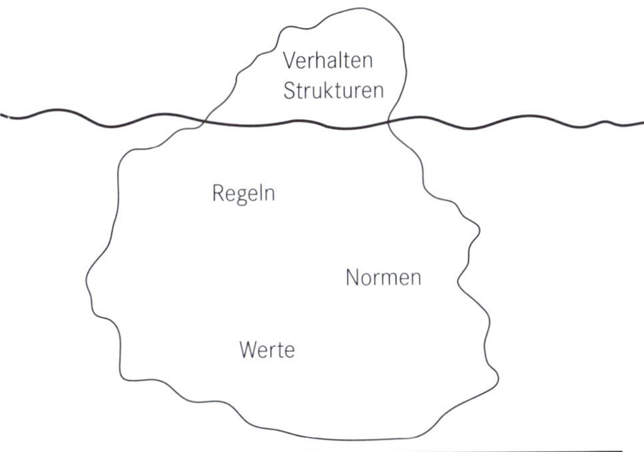

Das Eisbergmodell

sichtbare und unsichtbare Aspekte der Unternehmenskultur

Nur rund zehn Prozent des Eisbergs ragen über die Meereslinie hinaus. Diese Spitze des Eisbergs steht für die sichtbaren Verhaltensweisen und Strukturen in einem Betrieb. Sie werden von jenen Faktoren bestimmt, die nicht sichtbar und mächtig unter der Meeresoberfläche liegen. 90 Prozent des Eisbergs stehen für Regeln und Normen sowie die noch tiefer liegenden Werte. [10]

1.1.4 Unternehmenskultur und Unternehmensethik

Fallbeispiel 4

Handlungssituation (Fallbeispiel)

Mario Reuter ist überrascht. Wie jedes Jahr vor Weihnachten ist er unterwegs, um sich bei Kunden mit Geschenken für die Zusammenarbeit im abgelaufenen Jahr zu bedanken. Er bedient mit seinem Malerbetrieb vorrangig Privatkunden, die sich über diese Aufmerksamkeit immer sehr freuen.

Dieses Jahr hatte Mario Reuter auch einen großen Renovierungsauftrag in einem Industriebetrieb in der Nachbarschaft. Da die Arbeiten reibungslos gelaufen sind und die Zusammenarbeit wider Erwarten gut war, hat Mario Reuter auch Geschenke für seine wichtigsten Ansprechpartner bei diesem gewerblichen Kunden besorgt. Immerhin erhofft er sich, in Zukunft weitere Aufträge für das Unternehmen ausführen zu können.

Der gut gemeinte Weihnachtsbesuch ist jedoch anders gelaufen, als gedacht. Mario Reuter steht mit seinen Geschenken wieder vor der Tür. Alle Mitarbeiter haben ihm nämlich mitgeteilt, dass sie solche Geschenke nicht entgegennehmen dürfen. Darüber gäbe es eine entsprechende Regelung im Unternehmen.

Situationsbezogene Fragen

- Warum hat der Gewerbekunde von Mario Reuter eine solche Regelung eingeführt?
- Was bezweckt das Unternehmen im Innen- und Außenverhältnis mit diesem Vorgehen?
- Kennen Sie ähnliche Beispiele?

Ein enger Zusammenhang besteht zwischen der Unternehmenskultur und der **Unternehmensethik**. „Die Unternehmensethik analysiert und begründet die Unternehmenskultur.“ [11]

Grundlagen der Unternehmensethik

Unternehmensethik beschäftigt sich mit der Frage, wie sich der Unternehmenserfolg auf eine moralisch, ökologisch und sozial verantwortbare Weise erreichen lässt. Ein Betrieb ist nie unabhängig von seinem Umfeld zu sehen. Auch wenn die wenigsten Handwerksbetriebe den Begriff der Unternehmensethik bewusst verwenden, spüren die Betriebsverantwortlichen doch, dass ihr Verhalten aufmerksam von der Öffentlichkeit beobachtet wird und achten auf die Einhaltung der moralischen Grundwerte der Gesellschaft. So haben viele Unternehmen beispielsweise um ihre Redlichkeit zu unterstreichen und dem Vorwurf der Bestechlichkeit zu entgehen, Regeln für den Umgang mit Geschenken eingeführt. Oder es gibt Unternehmen, die z. B. mit ihren Mitarbeitern Vereinbarungen über den Schutz von Kundendaten getroffen haben.

Verletzt ein Betrieb wichtige ethische Kriterien der ihn umgebenden Gesellschaft, wie z. B. soziale Gerechtigkeit oder Umweltschutz, läuft er Gefahr, die Akzeptanz seiner Mitarbeiter, Kunden und der Öffentlichkeit zu verlieren. Ein solcher Verlust der Legitimation bleibt nicht ohne Konsequenzen für den wirtschaftlichen Erfolg eines Betriebs. Um die ethischen Grundsätze eines Unternehmens dauerhaft zu verwirklichen, müssen sie in der Unternehmenskultur integriert sein. [12]

Legitimation des Betriebs

1.1.5 Funktionen der Unternehmenskultur

In einem komplexer werdenden, sich schnell verändernden Arbeitsumfeld kommt der Unternehmenskultur eine immer wichtigere Bedeutung zu. Eine starke, positive Unternehmenskultur hat für einen Betrieb zahlreiche Funktionen und Vorteile:

Funktionen und Vorteile der Unternehmenskultur

- Sie gibt den Betriebsmitgliedern Orientierung für ihr Handeln.
- Sie vereinfacht und beschleunigt Problemlösungen, da sie die Anzahl der möglichen Verhaltensweisen auf eine überschaubare Anzahl erwünschter Handlungen reduziert.
- Sie fördert die Identifikation der Mitarbeiter mit dem Betrieb und stärkt das Gemeinschaftsgefühl.
- Sie reduziert Spannungen und Konflikte.
- Sie erleichtert die Koordination zwischen Teams und Abteilungen.
- Sie wirkt sinnstiftend, wo Mitarbeitern durch die starke Arbeitsteilung und Spezialisierung in den Betrieben der Blick für den eigenen Beitrag zum Unternehmenserfolg und den Zweck der eigenen Tätigkeit verloren geht.
- Sie fördert die Motivation der Mitarbeiter.
- Sie stärkt das Ansehen des Betriebs im Arbeitsmarkt und vergrößert die Chancen bei der Mitarbeiterrekrutierung.
- Sie verbessert die Außenwirkung des Betriebs bei Kunden und Marktpartnern.
- Sie stellt durch die Anpassungsleistung an das Umfeld die Zukunftsfähigkeit des Betriebs sicher. [13]

1.2 Unternehmenskultur und Arbeitsbedingungen

Die Unternehmenskultur spiegelt sich in allen Bereichen eines Betriebs wieder – auch in der Gestaltung des Arbeitsplatzes, der Arbeitsumgebung, der Arbeitsorganisation oder der Arbeitszeit.

Gelebte Unternehmenskultur

So sind z. B. ein ansprechend gestalteter Sozialraum oder ein ordentliches Besprechungszimmer kein schmückendes Beiwerk, sondern Zeichen gelebter Unternehmenskultur.

Die Attraktivität eines Betriebs hängt für Mitarbeiter stark davon ab, inwieweit sie sich mit seiner Unternehmenskultur identifizieren können. Will man Mitarbeiter motivieren und binden, muss sich eine Änderung ihrer Wertvorstellungen sowohl in der Unternehmenskultur als auch in der durch sie geprägten Gestaltung der Arbeitsbedingungen niederschlagen.

Wertewandel

Seit einigen Jahrzehnten zeichnet sich in unserer Gesellschaft ein Wandel der Arbeitswerte ab: die Priorität verschiebt sich von den Pflicht- und Akzeptanzwerten hin zu den Selbstentfaltungs- und Autonomiewerten. Unter den Pflicht- und Akzeptanzwerten versteht man eher traditionelle Werte wie Disziplin, Pflicht, Unterordnung, Fleiß oder Pünktlichkeit. Zu den Selbstentfaltungs- und Autonomiewerten (auch postmaterielle Werte genannt) gehören Werte wie Selbstverwirklichung, Individualität, Mitsprache, Abwechslung, Autonomie, Partizipation und Lebensgenuss. [14]

Das hat zum einen dazu geführt, dass viele Menschen die Arbeit nicht mehr als hauptsächlichen Lebensinhalt sehen und ihre Selbstentfaltung auch in der Freizeit suchen. Zum anderen erwarten viele Mitarbeiter heute, dass ihnen die Arbeit die Möglichkeit für Weiterentwicklung und persönliche Anerkennung bietet, Mitsprache- und Entscheidungsspielräume erlaubt und Sinn vermittelt.

Die Leistungsbereitschaft der Mitarbeiter ist trotz Freizeitorientierung und dem Wunsch nach einer ausgewogenen Balance zwischen Arbeits- und Privatleben unverändert hoch. Das Engagement erfolgt aber nicht mehr rein aus Pflichtgefühl, sondern wird von der Erfüllung persönlicher Arbeitsbedürfnisse und vom Vorhandensein bestimmter Arbeitsbedingungen abhängig gemacht. Gefordert sind hier insbesondere eine Individualisierung und Flexibilisierung der Arbeit.

Veränderungen in Arbeitsorganisation und -gestaltung

In vielen Betrieben hat der Wertewandel zu Veränderungen in der Arbeitsorganisation und -gestaltung geführt. Dazu gehören etwa

- die Ablösung autoritärer Strukturen durch einen partizipativen Führungsstil [15],
- flachere und durchlässigere Hierarchien,
- die individuelle Personalentwicklung,
- Mitsprachemöglichkeiten durch Mitarbeiter,
- die Flexibilisierung der Arbeitszeit (chronometrisch: z. B. Teilzeitarbeit, chronologisch: z. B. gleitende Arbeitszeit),
- die mitarbeiterorientierte Arbeitsplatzgestaltung (z. B. optimale Beleuchtung, Lärmschutz),
- Arbeitsaufgaben mit größerem Entscheidungs- und Kontrollspielraum und
- die Gesundheitsförderung im Betrieb.

Die Wissenschaft wagt heute bereits einen Ausblick auf den „Arbeitsmenschen 2030". Nach Opaschowski wird dessen Arbeitseinstellung zu fünf Arbeitsformen führen, die er alle an einem Arbeitsplatz erleben möchte - wenn auch in individuell unterschiedlicher Art und Gewichtung: [16]

„Arbeitsmensch 2030"

- die **Spaß-Arbeit**
  Lebensfreude wird zur Leitidee, Arbeit muss Spaß machen. „Genauso stark wie Geld wirken persönliche Herausforderungen zur Eigenaktivität, die Spaß machen und das Selbstwertgefühl stärken." [17]
- die **Geld-Arbeit**
  Lohn und Einkommen bleiben wichtig und sind Spiegelbild des persönlichen Stellenwerts in der Betriebshierarchie.
- die **Sinn-Arbeit**
  Mitarbeiter wollen stolz auf sich, ihre Arbeit und den Betrieb sein. Die Leistungsmotivation beruht vor allem auf dem Faktor Sinn.
- die **Status-Arbeit**
  Vor allem bei leitenden Angestellten fördern Status und Aufstiegsmöglichkeiten die Motivation.
- die **Zeit-Arbeit**
  Mitarbeiter wollen nicht nur wissen, wovon sie leben, sondern auch wofür sie leben. Sie wünschen sich Zeit-Optionen und eine Flexibilisierung der Arbeitszeiten.

Eine Herausforderung für die Betriebe besteht heute wie auch in Zukunft darin, die Anforderungen, die sich aus dem Wertwandel ergeben, mit den strukturellen und ökonomischen Anforderungen des Betriebs in Übereinstimmung zu bringen.

1.3 Corporate Identity

Handlungssituation (Fallbeispiel)

Fallbeispiel 5

Die Stellenanzeige war ansprechend gestaltet gewesen, die Internetseite machte einen guten Eindruck - und dann diese Enttäuschung.

Verena Glaser hatte sich aufgrund der Gestaltung und des Textes von Stellenanzeige und Internetauftritt einen modernen, offenen Betrieb mit einem angenehmen Team und guten Entwicklungsmöglichkeiten vorgestellt. Doch bei ihrem Bewerbungsgespräch eben bot sich ihr ein ganz anderes Bild: die Einrichtung der Büros war altmodisch und die Technik schien auch nicht auf dem neuesten Stand zu sein. Die Stimmung unter den Mitarbeitern war gereizt und der Chef hatte offensichtlich wenig Zeit für das Gespräch.

Aus seinen Erzählungen hatte sie herausgehört, dass immer mal wieder Mitarbeiter ein Seminar besuchen dürfen – nach einem echten Personalentwicklungskonzept hatte das aber nicht geklungen. Und sie hatte den Eindruck, dass ihm daran auch gar nicht gelegen ist.

Verena Glaser ist sich sicher, dass sie bei diesem Betrieb nicht anfangen möchte.

Situationsbezogene Fragen

- Warum ist Verena Glaser so enttäuscht?
- Was würden Sie dem Betriebsinhaber für seine künftige Personalrekrutierung empfehlen?

Definition und Bedeutung

Unter Corporate Identity versteht man die Identität oder Persönlichkeit eines Unternehmens. „Corporate Identity ist die Summe aller in sich konsistenten Erscheinungsformen, mit denen sich das Unternehmen nach innen und/oder nach außen präsentiert." [18] Eine in sich stimmige, unverwechselbare Unternehmensidentität dient einer zielgerichteten Profilierung des Unternehmens nach innen und außen und hat eine wichtige Bedeutung für den Erfolg des Unternehmens sowohl im Absatz- als auch im Arbeitsmarkt.

Corporate-Identity-Konzept

Das betriebliche Instrument zur Entwicklung einer stimmigen, zielführenden Corporate Identity ist das **Corporate Identity-Konzept**. Dieses wird einerseits als Kommunikationskonzept, andererseits als zentraler Bestandteil der strategischen Unternehmensführung und -planung gesehen. „Das Corporate Identity-Konzept kann als ein strategisches Konzept zur Positionierung der Identität oder auch eines klar strukturierten, einheitlichen Selbstverständnisses eines Unternehmens, sowohl im eigenen Unternehmen als auch in der Unternehmensumwelt, gesehen werden." [19]

Ein Corporate Identity-Konzept enthält Vorgaben zu

- Unternehmensbild (Corporate Design)
  z. B. die geplante und aufeinander abgestimmte Gestaltung von Logo, Arbeitsbekleidung, Briefpapier, Anzeigen, Internet-Auftritt oder Betriebsarchitektur.
- Unternehmenskommunikation (Corporate Communication)
  z. B. die Verwendung bestimmter Formulierungen in der unternehmensinternen und -externen Kommunikation.
- Unternehmensverhalten (Corporate Behaviour)
  z. B. die Festlegung des Verhaltens gegenüber Kunden am Telefon, im Verkaufsgespräch oder bei der Auftragsabwicklung.

Grundlage für die Gestaltung und den zielgerichteten Einsatz dieser Bestandteile ist das Leitbild eines Unternehmens.

Unternehmenskultur und Corporate Identity

Unternehmenskultur und Corporate Identity haben einen direkten Bezug zueinander. Sind die Bestandteile des Corporate Identity-Konzepts nicht in der Unternehmenskultur verankert, werden sie entweder gar nicht oder nicht einheitlich von den Mitarbeitern umgesetzt. Und haben Kunden oder Mitarbeiter das Gefühl, dass Teile des Erscheinungsbildes nur aufgesetzt sind, dem gelebten Wertsystem aber gar nicht entsprechen oder sogar im Widerspruch zu den sichtbaren Ebenen der tatsächlich gelebten Unternehmenskultur stehen, wirkt dies negativ auf Vertrauen und Identifikation mit dem Unternehmen. Es entsteht keine konsistente und glaubhafte Unternehmenspersönlichkeit.

Die Berücksichtigung der Unternehmenskultur ist Grundvoraussetzung für die Entwicklung eines stimmigen Corporate Identity-Konzepts. Die entstandene Unternehmenspersönlichkeit wirkt ihrerseits aber auch wieder auf die Unternehmenskultur zurück. Eine stimmige, konsistente Corporate Identity hilft, ein deutliches „Wir-Bewusstsein“ zu entwickeln und eine angestrebte Unternehmenskultur zu etablieren und zu sichern. [20]

1.4 Unternehmenskultur beeinflussen

1.4.1 Veränderung der Unternehmenskultur

Fallbeispiel 6

Handlungssituation (Fallbeispiel)

Lukas Engler weiß, dass sein Vater noch ein Handwerker „vom guten alten Schlag“ war – der ganze Betrieb drehte sich nur um ihn. Der Vater machte die Kundengespräche, organisierte die Auftragsabwicklung, bestellte das Material und besuchte täglich alle Baustellen. Die Mitarbeiter taten das, was der Chef ihnen vorgab. Einen eigenen Verantwortungsbereich hatten sie nicht.

Lukas Engler will das ändern. Mit der Betriebsübergabe möchte er jetzt die Auftragsabwicklung neu organisieren. Für jede Baustelle wird es einen Teamleiter geben, der die Details der Auftragsabwicklung vor Ort mit dem Kunden bespricht und seine Mitarbeiter selbst führt und organisiert. Außerdem hat er geplant, jedem Mitarbeiter einen eigenen Verantwortungsbereich für Maschinen, Werkzeuge oder Fahrzeuge zu übertragen. Er will sich nicht wie sein Vater um alle Details des Betriebs kümmern, sondern sich auf wesentliche Geschäftsführungsaufgaben wie die Kundenakquisition oder die Finanzierung konzentrieren. Nur so glaubt er, den Betrieb erfolgreich in die Zukunft führen zu können.

Skeptisch ist er allerdings, wie schnell die Mitarbeiter die neuen Regelungen akzeptieren werden. Sie waren jahrelang ein anderes Arbeiten gewöhnt und machten auch nicht den Eindruck, als würden sie sich um eine Verantwortungsübergabe reißen.

Situationsbezogene Fragen

- Welches Vorgehen würden Sie Lukas Engler empfehlen?
- Was hat er in seinen Plänen zu berücksichtigen?

In jedem Unternehmen entsteht eine Unternehmenskultur - ganz von selbst. Objektiv gesehen kann man diese Unternehmenskultur nicht als „richtig" oder „falsch" beurteilen. Aus Sicht der Unternehmensführung kann sie aber als mehr oder weniger zielführend eingeschätzt werden.

Gründe für eine Veränderung der Unternehmenskultur

Betriebsinterne und externe Gründe können eine gezielte Veränderung der Unternehmenskultur durch die Betriebsführung erfordern. Dazu gehören z. B.

- veränderte Marktbedingungen,
- veränderte Kundenanforderungen,
- technologische Veränderungen,
- eine Neuausrichtung des Betriebs mit einer veränderten Strategie oder
- ein Wechsel auf der Führungsebene (z. B. durch eine Betriebsübergabe, den Verkauf des Betriebs oder einen Geschäftsführerwechsel).

Widerstände

Eine deutliche, von der Betriebsführung angestoßene Kulturveränderung ist nicht von heute auf morgen möglich und stößt meist auf erhebliche Widerstände. Ursachen dafür sind z. B.

- Angst vor Machtverlust bei Mitarbeitern,
- Strukturen und Sachzwänge,
- fehlende Delegations- , Führungs- und Kommunikationsfähigkeiten,
- individuelles Beharrungsvermögen,
- Belohnungsempfindung durch Gewohnheit,
- Risikoscheu,
- Widerstand gegen Fremdbestimmung, [21]
- Angst vor Fehlern und Konflikten.

„Menschen verhalten sich völlig logisch - vor dem Hintergrund ihrer Wahrnehmung und Beurteilung ihrer Realität und vor dem Hintergrund ihrer persönlichen Ziele, Werte und Interessen." [22] Um einen Kulturwandel im Betrieb zu erreichen, müssen die Mitarbeiter für sich einen Sinn in den Veränderungen erkennen können. Das heißt, dass die Änderungen nicht nur aus betrieblicher Sicht begründet werden, sondern vor allem in einen Zusammenhang mit den persönlichen Zielen und Werten der Mitarbeiter gestellt werden müssen. Für einen tiefgreifenden, dauerhaften Wandel der Werte und Überzeugungen in einem Betrieb sind zudem positive Erfahrungen, Beispiele und ausreichend Zeit erforderlich.

Für eine gezielte Veränderung der Unternehmenskultur empfiehlt sich ein schrittweises Vorgehen:

Vorgehensweise bei der Veränderung

Bestehende Unternehmenskultur analysieren.
Die Akzeptanz einer neuen Kultur ist in der Regel höher, wenn sie an der bestehenden Kultur anknüpft. Wichtig ist zudem herauszufinden, warum die Mitarbeiter das bisherige Verhalten zeigen und was sie daran hindern könnte, das angestrebte Verhalten umzusetzen.

Instrumente zur Analyse der Ist-Kultur sind beispielsweise:

- Einzelgespräche
- Mitarbeiterbefragung
- Verhaltensbeobachtung
- Dokumentenanalyse
- Sitzungsbeobachtung

Bewusstsein für die Notwendigkeit der Veränderung schaffen.
Um sich mit einer neuen Unternehmenskultur auseinander zu setzen, müssen Mitarbeiter einen Handlungsdruck und einen eigenen Nutzen in der Veränderung erkennen können.

In Abstimmung mit den Unternehmenszielen und unter Einbeziehung von Betriebsmitgliedern angestrebte Unternehmenskultur formulieren.
Die Einbeziehung der Mitarbeiter erhöht den Praxisbezug und fördert die Akzeptanz der neuen Unternehmenskultur.

Maßnahmen und Instrumente zur Einführung der Unternehmenskultur planen (z. B. Leitbild, Betriebsversammlung, persönliche Gespräche, Projektgruppen, Beispieldarstellungen, Anreizsystem, Schulungen, Organigramm)

Maßnahmen und Instrumente zur Einführung umsetzen und als Vorbild vorangehen.

Regelmäßig den Umsetzungsprozess und seine Resultate überprüfen, gegebenenfalls Änderungen vornehmen.

Meist reichen Appelle oder schriftliche Leitbildvorgaben für eine Verhaltensänderung der Mitarbeiter nicht aus. Solange die unbewussten Bereiche der bestehenden

Kultur von der Änderung noch nicht erfasst sind, fallen sie immer wieder in alte Handlungsmuster zurück.

Feedbackschleifen

Nachhaltiger auf das Verhalten wirken sogenannte „Feedbackschleifen“: der Ist-Zustand wird durch Messung definierter Zielgrößen oder beispielsweise mit Hilfe von Kundenbeurteilungen regelmäßig mit dem Soll-Zustand verglichen. Dieser Vergleich macht immer wieder auf die Zielsetzung aufmerksam, vermittelt Erfolgserlebnisse und zeigt, wo noch nachgebessert werden muss. [23] Er setzt aber voraus, dass die angestrebten Werte und Normen auf konkret beobachtbares Verhalten und erfassbare Verhaltensergebnisse heruntergebrochen werden.

Viele Mitarbeiter begegnen einer Veränderung der Unternehmenskultur zunächst skeptisch. Für sie ist wichtig, dass sie sich in ihrer Haltung ernst genommen fühlen und ihnen das Anliegen des Betriebs wiederholt vermittelt wird. Ihre Akzeptanz steigt zudem, wenn sie erkennen, dass die Führungskräfte mit gutem Vorbild vorangehen und die Einhaltung der neuen Handlungsgrundsätze konsequent einfordern, belohnen oder gegebenenfalls auch sanktionieren.

Nicht in allen Fällen gelingt eine Identifikation des Mitarbeiters mit einer neuen Kultur. Diese Mitarbeiter verlassen ein Unternehmen meist während des Veränderungsprozesses.

1.4.2 Leitbild

Funktionen des Leitbilds

Eines der wichtigsten Instrumente, um die Unternehmenskultur in eine angestrebte Richtung zu beeinflussen, einen Veränderungsprozess in Gang zu setzen und eine gemeinsame Ausrichtung aller Betriebsmitglieder zu fördern, ist das Leitbild des Unternehmens. Durch eine schriftliche Dokumentation macht dieses die erwünschten Werte und Normen des Unternehmens nach innen und außen bewusst.

Ein Leitbild hat Zukunftscharakter. Es stellt die Mission (Aufgabe oder Auftrag) und Vision (strategische Ziele) eines Unternehmens dar und enthält richtungsweisende Aussagen zur angestrebten Unternehmenskultur. Es beschreibt die gewünschte Unternehmensentwicklung, zeigt auf mit welchen Strategien die Unternehmensziele erreicht werden sollen und gibt einen Orientierungsrahmen für das künftige Verhalten aller Betriebsmitglieder.

> Damit beantwortet das Leitbild die zentralen Fragen,
>
> - wofür ein Unternehmen steht,
> - was es erreichen möchte
> - und welchen Werten und Prinzipien es dabei folgt.

Im Außenverhältnis hat das Leitbild vor allem eine Image- und Legitimationsfunktion. Es macht deutlich, inwieweit ein Unternehmen seiner gesellschaftlichen Verantwortung nachkommt.

Leitbild als Führungsinstrument

Im Innenverhältnis ist das Leitbild ein wichtiges Führungsinstrument. Aus dem Leitbild werden die Führungsgrundsätze und konkreten Handlungsrichtlinien für alle Betriebsmitglieder abgeleitet. Es dient damit einerseits dazu, das Verhalten im Betrieb zu rechtfertigen, wird andererseits aber auch zur Messlatte für betriebliche Entscheidungen und Vorgehensweisen.

Einfluss auf das Verhalten im Betrieb hat ein Leitbild jedoch noch nicht allein durch die schriftliche Fixierung. Wirksam werden die im Leitbild formulierten Grundsätze erst, wenn sie für jeden Mitarbeiter nachvollziehbar auf seine Handlungsebene heruntergebrochen und auf Praxisbeispiele übertragen, sowie von den Führungskräften konsequent vorgelebt und eingefordert werden. Dazu gehört auch, dass alle im Betrieb angewandten Regelungen (z. B. Arbeitsordnung, Informationsregeln oder Belohnungs- und Sanktionssystem) regelmäßig auf die Stimmigkeit mit dem Leitbild überprüft werden.

Zu den **Elementen eines Leitbildes** gehören unter anderem

- die **Mission** eines Betriebs (die Aufgabe oder der Auftrag des Betriebs, sein Selbstverständnis)
  Wer sind wir? Wofür stehen wir? Wofür sind wir da? Was bewirken wir für wen? [24]
- die **Vision** des Betriebs (die strategischen Ziele)
  Was wollen wir erreichen? Wo wollen wir in Zukunft stehen?
- die **Werte und Grundsätze** des Betriebs
  Wie gehen wir zur Erreichung unserer Ziele vor? Wie gehen wir miteinander um? Worauf legen wir Wert? Wie gestalten wir die Beziehung zu Kunden, Partnern und der Öffentlichkeit?

Anforderungen an das Leitbild

Für die Akzeptanz und Wirksamkeit des Leitbilds ist wichtig, dass es

- konkret auf den Betrieb zugeschnitten ist und nicht nur Allgemeinplätze enthält,
- für jeden Leser klar, verständlich und nachvollziehbar formuliert ist,
- sich auf das Wesentliche beschränkt,
- ehrlich gemeinte Aussagen trifft und
- realistische Ziele vorgibt.

Fallbeispiel 7

Handlungssituation (Fallbeispiel)

Alexander Wagner ist immer aufgeschlossen für Neues - vor allem wenn es dazu dient, seinen Betrieb für Formenbau weiterzuentwickeln und zu verbessern. Darum hat er sich vorgenommen, ein Leitbild für seinen Betrieb zu entwickeln. Die Ausführungen des Referenten über die Bedeutung der Unternehmenskultur beim letzten Vortrag, den er besucht hat, haben ihn überzeugt.

Wichtig ist ihm allerdings, dass das Leitbild nicht nur auf dem Papier besteht, sondern in seinem Betrieb auch mit Leben gefüllt wird. Darum überlegt er sich, wie er bei der Entwicklung des Leitbilds vorgehen soll. Soll er es selbst formulieren? Ist es sinnvoll, die Führungskräfte einzubeziehen? Oder muss er alle Mitarbeiter am Prozess beteiligen?

Situationsbezogene Fragen

- Was würden Sie Alexander Wagner raten?
- Was spricht für und gegen die jeweilige Vorgehensweise?

Einbeziehung der Mitarbeiter

Ein Leitbild kann mit und ohne Beteiligung der Mitarbeiter formuliert werden. Je stärker aber die Belegschaft in den Entwicklungsprozess einbezogen wird, umso besser ist die Akzeptanz und umso schneller erfolgt in der Regel die Umsetzung. Durch die Mitarbeit von Vertretern möglichst aller Betriebsebenen steigt zudem die Realitätsnähe des Leitbilds. [25]

Um die Leitbildinhalte in der Folge mit Leben zu füllen, müssen sie allen Betriebsmitgliedern vermittelt werden. Dazu genügt nicht, sie einmalig bei einer Betriebsversammlung vorzustellen und sie in Schriftform zu verteilen.

Zudem werden Handlungsgrundsätze nicht von allen Mitarbeitern in der gleichen Weise verstanden. Und selbst wenn alle Mitarbeiter einem Leitbild zustimmen, heißt das nicht, dass sie eine Notwendigkeit sehen, ihr eigenes Verhalten zu ändern. Viele glauben, dass die anderen ihr Verhalten ändern müssten. [26]

Als verständnis- und akzeptanzfördernd haben sich in der Praxis vor allem regelmäßige Besprechungen von Beispielsituationen in Teamsitzungen, die Überprüfung von Zielgrößen sowie das persönliche Gespräch der direkten Führungskräfte mit ihren jeweiligen Mitarbeitern erwiesen. Unverzichtbar ist, dass die Betriebsleitung und die Führungskräfte mit gutem Verhaltensbeispiel als Vorbild dienen.

1.4.3 Lernende Organisation

Lernen als Erfolgsfaktor

In einem Umfeld, das sich immer schneller zu verändern scheint, wird effizientes Lernen für einen Betrieb zu einem wichtigen Erfolgsfaktor: Um sich im Markt zu behaupten, gilt es, die Änderungen rasch wahrzunehmen und in passende Handlungsstrategien umsetzen zu können. Und um diese als Handlungsrahmen für alle Mitarbeiter zu etablieren, muss das neue Wissen Bestandteil der Normen und Werte des Betriebs werden. [27]

Lernen beeinflusst damit die Unternehmenskultur. Die Bereitschaft und Fähigkeit, sich den Veränderungen zu stellen und Lernen zu fördern, ist aber auch Ausdruck der Unternehmenskultur eines Betriebs.

Unternehmen, die eine kontinuierliche Fähigkeit entwickelt haben, sich anzupassen und zu verändern, bezeichnet man auch als lernendes Unternehmen oder lernende Organisation. [28]

Das Weiterentwicklungspotenzial eines Unternehmens hängt unter anderem ab

Weiterentwicklungspotenzial eines Unternehmens

- von der Bereitschaft des Einzelnen, neues Wissen zu erwerben.
  Diese Bereitschaft wird beispielsweise gefördert durch positives Feedback für Schulungsbesuche, Anreize für die Teilnahme an Weiterbildungen und ein systematisches Personalentwicklungs-System.
- von den Möglichkeiten des Einzelnen, sein Wissen mit anderen zu teilen.
  Beispiele dafür sind das betriebliche Vorschlagswesen, Seminarberichte oder Vorträge von Mitarbeitern in Mitarbeiterbesprechungen sowie die Etablierung des kontinuierlichen Verbesserungsprozesses (KVP) im Betrieb.
- sowie von den Möglichkeiten, die Denkweisen und Verhaltensregeln auf Unternehmensebene zu ändern.

Arten des Lernens

Argyris und Schön, die den Begriff der lernenden Organisation geprägt haben, unterscheiden zwei Arten, auf die ein Unternehmen lernen kann: das einschlaufige und das zweischlaufige Lernen. Beim einschlaufigen Lernen reagiert ein Unternehmen auf Fehler mit Lösungen aus dem bisherigen Handlungsrahmen. Werte und Grundannahmen werden nicht angetastet. Das Unternehmen bleibt innerhalb der bestehenden Kultur. [29]

Erhält ein Betrieb auf eine Stellenanzeige beispielsweise keine passende Bewerbung, wird beim einschlaufigen Lernen die Stellenanzeige einfach wiederholt. Der Handlungsansatz bleibt der gleiche.

Beim doppelschlaufigen Lernen hingegen werden die Handlungsroutinen und Grundannahmen bewusst in Frage gestellt und bei Bedarf angepasst. „Als besonders bedeutsam werden die Offenheit für Informationen, die Wichtigkeit einer guten Kommunikation und die Fähigkeit, eigene Standpunkte und Überzeugungen in Frage zu stellen und zu verändern hervorgehoben.“ [30]

Hat die Stellenanzeige nicht den gewünschten Erfolg, wird beim doppelschlaufigen Lernen auch überprüft, ob eine Stellenanzeige überhaupt der richtige Rekrutierungsweg für die angestrebte Zielgruppe ist.

Genau dieses Hinterfragen bestehender Handlungsroutinen und Denkmuster sichert eine kontinuierliche und zielführende Unternehmensentwicklung. Eine solche Verhaltensweise wird von den Unternehmensmitgliedern jedoch nur gezeigt, wenn sie zu Offenheit und Innovationsbereitschaft ermuntert werden und diese Werte in der Unternehmenskultur verankert sind.

1.5 Von der Vielfalt profitieren – Diversity Management

Fallbeispiel 8

Handlungssituation (Fallbeispiel)

Gerd Krämer ist gespannt auf die Reaktion seiner Mitarbeiter. Da er keinen Mitarbeiter in der Nähe gefunden hat und er vor Arbeit nicht mehr ein noch aus weiß, hat er mit Hilfe eines Kollegen zwei Mitarbeiter aus Polen rekrutiert. Die beiden machen einen guten Eindruck und besuchen zurzeit in ihrer Heimat noch einen ersten Deutschkurs. Sicher werden sie aber noch einiges im Betrieb vor Ort lernen müssen - über Fachbegriffe, die Kunden und auch über die Arbeits- und Lebensweise in Deutschland.

Vor allem sein langjähriger Mitarbeiter Rolf Maier macht ihm Kopfzerbrechen. Er hat sich noch allen Neuen gegenüber ablehnend verhalten und Gerd Krämer weiß nicht, wie das erst bei ausländischen Mitarbeitern sein wird. Und Florian Schmidt ist für seine spitze Zunge bekannt. Bei ihm bekommt jeder sein Fett weg, der ihm auffällt - ob wegen seines Gewichts, einer auffallenden Frisur oder wegen seines Dialekts.

Gerd Krämer wünscht sich einen guten Start für die neuen Mitarbeiter und hofft, dass sie sich schnell in seinen Zehn-Mann-Betrieb integrieren. Gerne wüsste er, wie er das unterstützen kann.

Situationsbezogene Fragen

- Was würden Sie Gerd Krämer raten?
- Was kann er zur Integration der neuen Mitarbeiter beitragen?

1.5.1 Hintergrund und Ziele

Die Belegschaft vieler Betriebe ist heute von Vielfalt geprägt: es arbeiten z. B. Frauen und Männer, verschiedene Altersgruppen oder Mitarbeiter aus unterschiedlichen Herkunftsländern und Kulturkreisen zusammen.

Diese Vielfalt zu berücksichtigen und konstruktiv für den Betrieb zu nutzen, ist Aufgabe des Diversity Managements (engl. Diversity: Unterschiedlichkeit).

Vorteile der Vielfalt

Die Vielfalt der Mitarbeiter ist Ausdruck der Vielfalt unserer heutigen Gesellschaft und hat auch im Handwerk zahlreiche Vorteile. Mit einer vielfältig zusammengesetzten Belegschaft kann sich ein Betrieb gut auf die Bedürfnisse der ebenfalls vielfältigen Kundenstruktur einstellen. Vielfalt hat in einem globalisierten Markt einen positiven Imageeffekt für Betriebe. Und Studien zeigen, dass Vielfalt im Betrieb die Kreativität und Innovationsfähigkeit fördert. [31]

Vor allem ist es aber für einen Betrieb in einem Arbeitsmarkt, der von demographischem Wandel und Fachkräftemangel gekennzeichnet ist, eine wichtige Erfolgsvoraussetzung, das gesamte Arbeitskräftepotenzial für sich nutzen zu können und für alle qualifizierten Kräfte, ungeachtet ihrer Eigenschaften wie beispielsweise Geschlecht, Alter oder Herkunft, attraktiv zu sein.

Dazu müssen sich alle Mitarbeiter in einem Betrieb berücksichtigt und anerkannt fühlen. Empfinden sich verschiedene Personengruppen nicht wertgeschätzt oder diskriminiert, hat dies negative Auswirkungen auf die Leistungsfähigkeit, die Motivation und das Klima in einem Betrieb.

Zielsetzung des Diversity Managements

Zielsetzung des Diversity Managements ist es,

- eine positive und produktive Gesamtatmosphäre im Betrieb zu schaffen,
- eine soziale Diskriminierung von Menschen wegen Eigenschaften wie z. B. Geschlecht, Ethnie, Alter, Behinderung, sexueller Orientierung, Religion oder Lebensstil zu verhindern, [32]
- die Chancengleichheit aller Mitarbeiter zu sichern,
- alle Mitarbeiter in ihren individuellen Fähigkeiten zu fördern,
- die in den Unterschieden liegenden Fähigkeiten und Vorzüge für den Betrieb zu nutzen
- sowie Wertschätzung und Bewusstsein für die Einzigartigkeit jedes Individuums als grundlegende Werte in der Unternehmenskultur zu verankern. [33]

Die nachhaltige Einführung eines Diversity Management-Konzepts erfordert in der Regel eine Veränderung der Unternehmenskultur. Um die Bedeutung des Diversity-Gedankens nach innen und außen deutlich zu machen, empfiehlt es sich, ihn auch im Leitbild zu dokumentieren.

1.5.2 Der Gender-Aspekt im Betrieb

Gender Management

Eine wichtige Bedeutung im Rahmen des Diversity Managements hat der Gender-Aspekt. „Gender Management im Unternehmen umfasst die Gesamtheit aller betrieblichen Maßnahmen zur systematischen Gestaltung der Geschlechterverhältnisse, die gleichzeitig zur Verbesserung der Beschäftigungssituation von Frauen und Männern sowie zur Erhöhung der Wettbewerbsfähigkeit des Unternehmens beitragen." [34]

Der Gender-Aspekt bedeutet, die unterschiedlichen Fähigkeiten, Bedürfnisse und Kommunikationsformen der Geschlechter zu erfassen und sie in den betrieblichen Strukturen, Abläufen und Konzepten zu berücksichtigen. Dies führt z. B. zu geschlechtsdifferenzierten Lösungen im Leistungsangebot und Marketing eines Unternehmens, hat aber auch Folgen für die Personalarbeit.

Handlungsfelder für den Personalbereich sind beispielsweise [35]:

Der Gender-Aspekt im Personalbereich

- Personalauswahl und -rekrutierung, z. B.
  - Personalauswahl strikt nach geschlechtsneutralem Anforderungsprofil
  - spezielle Praktika und Informationsveranstaltungen für männliche oder weibliche Schüler und Studenten
  - Girls` Days
- Arbeitszeit und Arbeitsort
  Flexible Regelungen zur Verbesserung der Vereinbarkeit von Arbeit und Familie für Frauen und Männer, z. B.
  - Teilzeitangebote
  - Gleitzeit
  - Zeitkonten
  - Home-Office
- Personalentwicklung, z. B.
  - gezielte Besetzung von Führungspositionen mit Frauen
  - Coachingprogramme für Frauen
- Elternzeit und Kinderbetreuung, z. B.
  - Ermutigung von Vätern zur Nutzung der Elternzeit
  - Kontakt- und Weiterbildungsangebote während der Unterbrechung
  - Betreuung schulpflichtiger Kinder während der Ferien
  - Unterstützung bei der Betreuungsorganisation und -finanzierung

Arbeitgeberattraktivität

Zielsetzung der Maßnahmen des Gender Managements im Personalbereich ist zum einen, als Arbeitgeber für Frauen wie Männer attraktiv zu sein, um das bestehende Personal binden zu können und sich für die Zukunft in einem enger werdenden Arbeitsmarkt ein ausreichendes Arbeitskräftepotenzial zu sichern. Zum anderen geht es aber auch darum, das gesamte Leistungspotenzial der Mitarbeiter abrufen und die geschlechtsspezifischen Fähigkeiten und Vorzüge im Unternehmen nutzen zu können. Zudem stärkt die Wahrnehmung einer Chancengleichheit die Motivation.

1.5.3 Die Internationalisierung des Personals

Mitarbeiter mit Migrationshintergrund

Die Veränderung der Gesellschaft, die Globalisierung und Arbeitskräftemangel haben in den Betrieben zu einer wachsenden Zahl von Mitarbeitern mit Migrationshintergrund geführt. Aktuell rekrutieren Handwerksbetriebe sogar ganz gezielt Auszubildende und Mitarbeiter im Ausland.

Diese Entwicklung sichert nicht nur das Arbeitskräftepotenzial der Unternehmen. Die Vielfalt in der Belegschaft hilft auch bei der Bearbeitung ausländischer Märkte und bringt Vorteile im Vertrieb und der Auftragsabwicklung bei Zielgruppen mit Migrationshintergrund im Inland.

Menschen mit Migrationshintergrund sind keine homogene Gruppe. Es spielt für ihr Verhalten und ihre Wertvorstellungen eine große Rolle, aus welchem Kulturkreis sie stammen und wie lange sie bereits in Deutschland leben. [36]

Im Sinne des Diversity Managements gilt es, eine kulturelle Wertschätzung im Unternehmen zu verankern. Das bedeutet, dass die Unterschiede der Mitarbeiter zugelassen und nicht negativ bewertet oder kommentiert werden. Vor allem Führungskräften kommt hier eine Vorbildfunktion zu. [37]

Maßnahmen zur Integration und Wertschätzung kultureller Vielfalt

Maßnahmen zur Integration und Wertschätzung von Mitarbeitern mit Migrationshintergrund sind z. B. [38]:

- korrekte Aussprache der Namen
- Beachtung der religiösen Feiertage
- Sprachtrainings
- Vermittlung der deutschen Kultur sowie grundlegender Normen und Verhaltensweisen (z. B. Rolle des Individuums in der Gesellschaft, kulturelle Vielfalt, Gleichstellung von Frauen und Männern oder Zeitverständnis)
- Präsentationen und Berichte von Migrantinnen und Migranten zu ihrer Heimatkultur
- Mitarbeiterworkshops, in denen Beispielsituationen des Berufsalltags (z. B. Umgang mit Kunden oder Umgang mit Kritik) in den verschiedenen Kulturen beleuchtet und gemeinsame Regelungen erarbeitet werden
- Berücksichtigung von Ernährungsgewohnheiten und -regeln bei Betriebsveranstaltungen und Schulungen
- Übersetzungshilfen für wichtige Betriebsdokumente oder Personalgespräche

Konfliktpotenzial

Es ist empfehlenswert, sich für die Einarbeitung von Mitarbeitern mit Migrationshintergrund ausreichend Zeit zu nehmen. Konflikte entstehen nicht nur aufgrund von Verständigungsschwierigkeiten, vielfach beruhen sie auf kulturell begründeten Einstellungsunterschieden. Diese Unterschiede zeigen sich z. B. im Führungsstil, im

Umgang mit Kritik oder auch im unterschiedlichen Bedürfnis nach persönlichem Kontakt. [39] Je mehr sich Führungskräfte mit den Vorstellungen ihrer Mitarbeiter beschäftigen, umso besser können sie deren Verhalten verstehen und sich auf die betrieblichen Regelungen verständigen.

Kompetenzüberprüfung

Kompetenzüberprüfung zu Lernsituation 1

Wissen Sie noch: Martin Buck, der Inhaber des Betriebs für Elektroinstallationen aus dem ersten Fallbeispiel dieser Lernsituation, weiß nicht mehr weiter und möchte seinen früheren Chef anrufen. Sicher können auch Sie ihm mit Ihren neuen Kenntnissen weiterhelfen und folgende Fragen beantworten:

- Warum greifen die Änderungen von Martin Buck nicht wie erwartet?
- Was versteht man unter der Unternehmenskultur eines Betriebs?
- Wie lässt sich die Unternehmenskultur beeinflussen?
- Welche Probleme können bei einer Änderung der Unternehmenskultur auftreten?
- Welche Bestandteile hat ein Leitbild?
- Martin Buck hat den gesamten Außenauftritt des Betriebs verändert. Welchen Zusammenhang gibt es zwischen der Unternehmenskultur und der Corporate Identity eines Betriebs?

2. Quantitative und qualitative Personalplanung entwickeln und bedarfsgerecht anpassen

Lernziele und Kompetenzen

Ein Handwerksbetrieb lebt in hohem Maße von der Leistung seines Personals. Um die Arbeitsfähigkeit eines Betriebs auf Dauer zu sichern, bedarf es einer nachhaltigen Personalplanung.

Die Lehr- und Lerninhalte dieses Kapitels sind so gestaltet, dass Sie die Kompetenz erwerben,

- geeignete Instrumente der Personalplanung auszuwählen und anzuwenden,
- den quantitativen und qualitativen Personalbedarf eines Betriebs zu ermitteln,
- Personalüber- und Unterdeckungen zu beheben und
- den Personaleinsatz zielführend zu planen.

Handlungssituation (Fallbeispiel)

Fallbeispiel 1

Uwe Müller ist Inhaber einer Schreinerei, die vorrangig im Möbelbau für Privatkunden sowie der Herstellung und Montage von Fenstern und Türen tätig ist. Der Betrieb hat einen guten Ruf und ist seit Jahren relativ stabil ausgelastet. Dank zahlreicher Angebotsanfragen blickt Uwe Müller auch sehr zuversichtlich in das kommende Geschäftsjahr. Selbst sein jahrelanges Bemühen um das Bauunternehmen Pfeffer scheint langsam Früchte zu tragen. Frank Pfeffer hat ihm bei der Hauptversammlung des Sportvereins einen größeren Auftrag über Fenster und Türen für das Frühjahr avisiert.

Einzig die Personalsituation bereitet Schreinermeister Müller Kopfzerbrechen. Bisher hatte er alle anfallenden Aufträge mit seinen 17 Mitarbeitern gut im Griff. Kurzzeitige Engpässe bei Auftragsspitzen waren durch Überstunden abgebaut worden. Nun ist sich Uwe Müller jedoch nicht sicher, ob sein Werkstattpersonal für das kommende Jahr ausreichen wird oder er nach Verstärkung Ausschau halten muss.

Zudem hat ihm Peter Seidel, sein zuverlässigster Privatkundenmonteur, mitgeteilt, dass er gerne die Meisterschule (Vollzeit) besuchen würde. Uwe Müller hält große Stücke auf Peter Seidel und kann sich vorstellen, in einigen Jahren seinen Betrieb an ihn zu übergeben. Darum unterstützt er die Weiterbildungsbestrebungen seines Mitarbeiters und möchte ihn unbedingt nach der Meisterprüfung wieder in seinem Betrieb beschäftigen. Unsicher ist sich Uwe Müller allerdings, wie er die Zeit ohne Peter Seidel überbrücken soll. Als Ersatz hat er Sebastian Berg im Auge, der bisher vor allem Fenster und Türen in Neubauten montiert hat. Die Privatkunden der Schreinerei Müller sind anspruchsvoll und durch einen zuvorkommenden Service sehr verwöhnt. Uwe Müller weiß nicht, ob Sebastian Berg den Anforderungen der Möbelmontage in Privathaushalten gewachsen ist.

Situationsbezogene Fragen

- Wie kann sich Uwe Müller einen Überblick über die künftige Personalsituation seines Betriebs verschaffen?
- Mit welchen Informationen kann er den Personalbedarf in seiner Werkstatt klären?
- Wie findet er heraus, wer als Ersatz für Peter Seidel geeignet wäre?

2.1 Personalplanung

2.1.1 Ziele und Funktionen der Personalplanung

Das Personal des Betriebs

Um seine Güter und Dienstleistungen erstellen und verkaufen zu können, benötigt ein Handwerksbetrieb geeignetes Personal.

Mit dem Begriff **Personal** bezeichnet man die Gesamtheit aller in einem Unternehmen beschäftigten Menschen.

Das Personal ist maßgeblich für den Erfolg eines Betriebs. Nur mit Mitarbeitern und Führungskräften, die über die passenden Fähigkeiten verfügen und bereit sind, ihr Leistungsvermögen in den Betrieb einzubringen, lassen sich die betrieblichen Ziele erreichen. Dafür zu sorgen, dass der Betrieb jederzeit über eine ausreichende Anzahl geeigneter Mitarbeiter verfügt, ist die Aufgabe der Personalplanung.

Personalplanung bedeutet, die künftige Personalsituation des Unternehmens gedanklich vorwegzunehmen und rechtzeitig die notwendigen Schritte einzuleiten, damit

- für alle Aufgaben des Betriebs
- Mitarbeiter und Führungskräfte
- mit der passenden Qualifikation
- in ausreichender Anzahl
- zum richtigen Zeitpunkt
- am richtigen Ort

zur Verfügung stehen.

Personalplanung hat also einen quantitativen und einen qualitativen Aspekt: es geht sowohl um die passende Anzahl an Mitarbeitern im Betrieb, als auch die Besetzung jeder Stelle mit einer geeigneten Person.

Eine systematische, nachhaltige Personalplanung hat viele Vorteile, wie etwa die

Vorteile der Personalplanung

- Verbesserung der Wirtschaftlichkeit des Betriebs,
- Erhöhung der Mitarbeitermotivation und -bindung,
- Vermeidung von Stress und Unsicherheiten,
- Vermeidung von Fehlern und Reklamationen,
- kontinuierliche Anpassung des Betriebs an die sich wandelnden Rahmenbedingungen,
- Vermeidung von Fehlzeiten und Engpässen,
- Vermeidung von Kosten für ungeplante, kurzfristige und damit oft teure Maßnahmen zur Behebung von Unter- und Überdeckungen.

2.1.2 Arten der Personalplanung

Die Personalplanung tangiert zahlreiche Aufgabenfelder des betrieblichen Personalwesens. Sie lässt sich untergliedern in

- **Personalbestandsplanung**: Wie wird sich der bisherige Personalbestand durch quantitative und qualitative Veränderungen bis zu einem bestimmten, in der Zukunft liegenden Zeitpunkt entwickeln?
- **Personalbedarfsplanung**: Wie viele Mitarbeiter werden zukünftig im Betrieb benötigt und welche Anforderungen müssen sie erfüllen?
- **Personalbeschaffungsplanung**: Wo kommen die in Zukunft zusätzlich benötigten Mitarbeiter her und wie sollen sie angeworben werden?
- **Personalfreistellungsplanung**: Wie kann eine Überbesetzung im Betrieb abgebaut werden?
- **Personaleinsatzplanung**: Welcher Arbeitsplatz soll welchem Mitarbeiter zugeordnet werden und wie lässt sich sicherstellen, dass jeder Mitarbeiter schnellst- und bestmöglich seiner Arbeit nachgehen kann?
- **Personalentwicklungsplanung**: Wie können die Kompetenzen der Mitarbeiter den zukünftig an sie gestellten Anforderungen angepasst werden und mit welchen Maßnahmen lässt sich die Personalqualifikation im Betrieb erhalten und steigern?
- **Personalkostenplanung**: Mit welchen Kosten ist bei einer Umsetzung aller Maßnahmen im Personalbereich zu rechnen?

Fallbeispiel 2

Handlungssituation (Fallbeispiel)

Die Friseurmeisterin Annette Schmidt betreibt seit drei Jahren einen eigenen kleinen Salon. Aufgrund ihrer guten Beratung und ihrer innovativen Ideen erhält ihr Salon einen wachsenden Zuspruch von Kunden der Umgebung. Bisher arbeitet Annette Schmidt mit zwei Mitarbeiterinnen. Sie merkt jedoch, dass sie den Kundenanforderungen mit diesem kleinen Team in Zukunft nicht mehr gewachsen sein wird. Als positiv denkender Mensch hatte Annette Schmidt bei der Auswahl der Räumlichkeiten für ihren Salon schon auf Erweiterungsmöglichkeiten geachtet. Sie hält den Zeitpunkt nun für gekommen, ihr Team um zwei Mitarbeiterinnen oder Mitarbeiter aufzustocken.

Situationsbezogene Frage

Welche Bereiche der Personalplanung sind für Friseurmeisterin Schmidt angesichts ihrer Entscheidung relevant?

2.1.3 Interne und externe Determinanten der Personalplanung

Die Personalplanung eines Unternehmens hat verschiedene Einflussgrößen. Aspekte innerhalb des Betriebs haben genauso Auswirkungen wie Aspekte, die außerhalb des Betriebs liegen. Die Qualität der Planung hängt davon ab, wie gut ein Betrieb über diese Einflussgrößen informiert ist.

Interne Determinanten der Personalplanung

Zu den **internen Determinanten** zählen unter anderem

- Unternehmensstrategie
- Organisationsstruktur
- Produktivität im Betrieb
- Maschinenausstattung
- Platzverhältnisse
- Altersstruktur der Belegschaft
- Qualifikationsstruktur
- die zeitlichen Anforderungen aus der Produkt- und Leistungserstellung (z. B. Schichtarbeit, Ladenöffnungszeiten)
- Entgeltsystem
- Fluktuationsquote
- Fehlzeiten (z. B. Krankheiten, Elternzeit, Kuraufenthalte)

Es ist in der Praxis durchaus möglich, dass ein Handwerksbetrieb aufgrund einer guten Auftragslage zwar gerne mehr Mitarbeiter beschäftigen würde, die Größe des Betriebsgebäudes jedoch das Wachstum beschränkt. Friseurmeisterin Müller aus obigem Beispiel hatte rechtzeitig diesen Aspekt berücksichtigt.

Externe Determinanten der Personalplanung sind z. B.

Externe Determinanten der Personalplanung

- die gesamtwirtschaftliche Entwicklung
- das Verhalten des Wettbewerbs
- gesetzliche Veränderungen (z. B. Arbeitsrecht, Tarifentwicklung)
- die technische Entwicklung
- die Entwicklung des Arbeitsmarktes
- die Entwicklung der Bevölkerung (z. B. demographischer Wandel)

Vor allem der demographische Wandel könnte in den nächsten Jahren die Situation des Handwerks erheblich beeinflussen. Durch die Abnahme der Bevölkerung stehen dem Arbeitsmarkt weniger junge Menschen als Arbeitskräfte zur Verfügung. Handwerksbetriebe werden sich im Wettbewerb um gute Mitarbeiter zunehmend gegen Arbeitgeber aus anderen Branchen behaupten müssen.

2.1.4 Einbindung der Personalplanung in die Unternehmensplanung

Die Personalplanung eines Unternehmens kann nicht isoliert betrachtet werden. Sie ist integriert in das System der Unternehmensplanung.

Wechselbeziehungen der Personalplanung

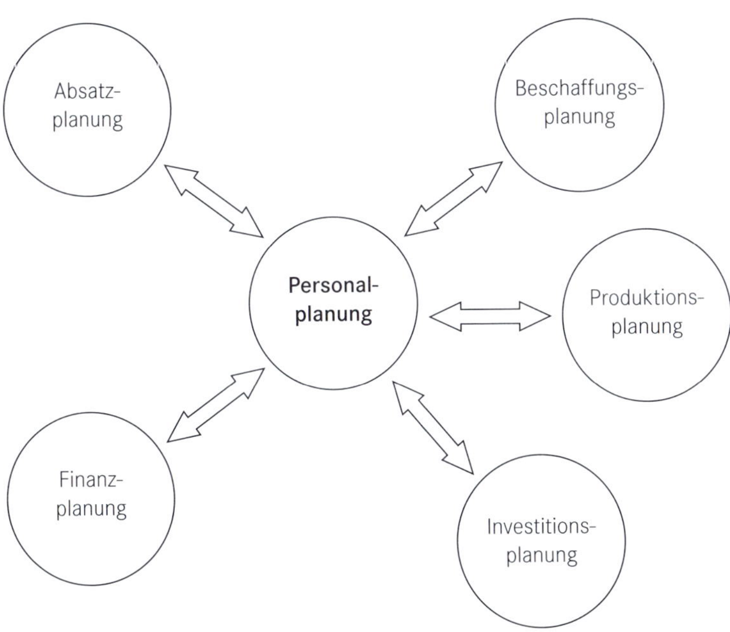

Wechselbeziehungen der Personalplanung

Wechselbeziehungen hat die Personalplanung vor allem mit der Absatzplanung, der Beschaffungsplanung, der Produktionsplanung, der Investitionsplanung und der Finanzplanung.

Wechselbeziehungen in der Betriebspraxis

Beabsichtigt Friseurmeisterin Schmidt beispielsweise ein weiteres Geschäftsfeld zu besetzen und in ihrem Salon auch Kosmetikleistungen anzubieten, muss sie entweder Personal für diese Leistungserweiterung suchen oder jemanden aus der bestehenden Belegschaft entsprechend weiterbilden.

Plant Schreinermeister Müller, in eine neue Maschine zu investieren und seinen Produktionsablauf zu verbessern, könnte sich das auf die Zahl der benötigten Mitarbeiter auswirken und bedeuten, dass er Mitarbeiter zur Bedienung der Maschine qualifizieren muss.

Steigen hingegen die Tariflöhne bzw. die Lohnforderungen der Mitarbeiter hat dies direkte Auswirkungen auf die Finanzplanung eines Unternehmens.

Alle Teilbereiche der Unternehmensplanung sind miteinander verzahnt und müssen aufeinander abgestimmt werden – ganz unabhängig davon, wie groß ein Unternehmen ist.

2.2 Personalbedarfsplanung

2.2.1 Der Personalbedarf

> Mit **Personalbedarf** bezeichnet man die Anzahl von Mitarbeitern mit den erforderlichen Fähigkeiten, die nötig ist, um eine geplante Betriebsleistung zu erbringen und die Unternehmensziele zu verwirklichen.

Je nach betrachtetem Bedarfszeitpunkt unterscheidet man zwischen dem aktuellen und dem zukünftigen Personalbedarf. Während der aktuelle Personalbedarf genau bestimmbar ist, kann der zukünftige Personalbedarf zum Teil nur abgeschätzt werden. In vielen Gewerken lassen sich beispielsweise langfristig kaum gesicherte Aussagen über die Auftragslage eines Unternehmens treffen.

Quantitativer und qualitativer Personalbedarf

Der **quantitative Personalbedarf** gibt die benötigte Anzahl der Mitarbeiter zum Bedarfszeitpunkt an, der **qualitative Personalbedarf** beantwortet die Frage, welche Qualifikationen und Eigenschaften die Mitarbeiter mitbringen müssen.

Die Planung des Personalbedarfs ist Ausgangspunkt für alle anderen Bereiche der Personalplanung. Fehler, die hier gemacht werden, haben meist kostspielige Folgen.

Plant ein Betriebsinhaber den quantitativen Personalbedarf zu hoch, hat er Mitarbeiter, die gar nicht ausgelastet sind und eventuell sogar freigestellt werden müssen. Plant er dagegen den Personalbedarf zu gering, fehlt es im Betrieb an Arbeitskräften. Dies kann dazu führen, dass kurzfristig mit viel Aufwand Personal beschafft werden muss oder Kunden durch lange Wartezeiten verärgert werden.

Fehler in der qualitativen Personalbedarfsplanung können bedeuten, dass zwar ausreichend viele Mitarbeiter im Betrieb vorhanden sind, diese aber gar nicht in der Lage sind, ihre Aufgaben in der geplanten Zeit und ohne Mängel zu erfüllen. Es fehlt ihnen entweder an der notwendigen Aus- und Weiterbildung oder sie verfügen nicht über die persönlichen Kompetenzen, die für eine erfolgreiche Ausübung ihrer Stelle erforderlich sind. Dies können z. B. kommunikative, organisatorische oder Führungskompetenzen sein.

Bruttopersonalbedarf

Der gesamte Bedarf an Mitarbeitern zu einem festgelegten Zeitpunkt in der Zukunft wird auch als **Bruttopersonalbedarf** des Betriebs bezeichnet. Der Bruttopersonalbedarf besteht aus dem **Einsatzbedarf** (Mitarbeiter für den täglichen Geschäftsbetrieb) und dem **Reservebedarf** (Mitarbeiter, die bei Ausfällen und Engpässen einspringen können).

Nettopersonalbedarf

Der **Nettopersonalbedarf** gibt an, wie viele Mitarbeiter ersetzt (Ersatzbedarf), neu beschafft (Neubedarf) oder freigestellt (Freistellungsbedarf) werden müssen, um vom heutigen Zeitpunkt aus gesehen auf den Bruttopersonalbedarf zum Zielzeitpunkt zu kommen.

Ersatzbedarf fällt an, wenn aus dem heutigen Personalstamm Mitarbeiter das Unternehmen verlassen. Will man den Personalbestand stabil halten, müssen sie durch eine gleiche Anzahl gleichgearteter Mitarbeiter ersetzt werden.

Neubedarf bedeutet, dass weitere Mitarbeiter benötigt werden, da eine quantitative oder qualitative Unterdeckung im Unternehmen besteht.

Freistellungsbedarf ergibt sich durch einen Personalüberhang: am Planungsstichtag gibt es mehr Mitarbeiter als erforderlich oder Mitarbeiter, die für den Einsatz im Betrieb nicht mehr geeignet sind.

Ermittlung des Nettopersonalbedarfs

Der Nettopersonalbedarf errechnet sich wie folgt:

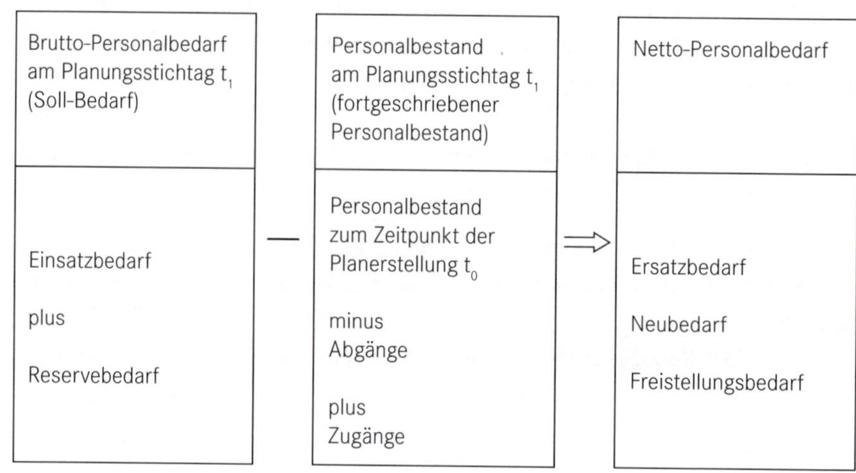

Ermittlung des Nettopersonalbedarfs

Um die erforderlichen Personalmaßnahmen im Betrieb wie die Personalbeschaffung, den Personalabbau oder die Personalentwicklung systematisch planen zu können, gilt es also

- den Planungsstichtag festzulegen,
- den Bruttopersonalbedarf zu ermitteln,
- den aktuellen Personalbestand des Betriebs zu erfassen und
- die Entwicklung des Personalbestands bis zum Planungsstichtag zu prognostizieren.

2.2.2 Personalbestandsplanung

> Die zu einem bestimmten Zeitpunkt in einem Unternehmen tätigen Personen bilden den Personalbestand.

Quantitativer Personalbestand

Der **quantitative Personalbestand** wird auf Kopfzahl- oder Stundenbasis ermittelt. Besonders zu beachten und zu regeln sind dabei

- Teilzeitbeschäftigte
- Auszubildende
- Aushilfen
- Leiharbeitnehmer
- Dauerkranke
- Mitarbeiter in Elternzeit

Über einen Planungszeitraum kann sich der Personalbestand verändern. So gibt es Zu- und Abgänge in einem Betrieb. Ein Mitarbeiter kehrt z. B. nach langer Krankheit wieder in den Betrieb zurück, eine Mitarbeiterin dagegen geht in Elternzeit.

Veränderungen des Personalbestands

Zugänge ergeben sich unter anderem durch

- Übernahme von Auszubildenden
- Rückkehr nach Langzeit-Weiterbildungen
- Rückkehr aus Elternzeit
- Arbeitswiederaufnahme durch Langzeitkranke.

Abgänge gibt es z. B. durch

- Altersrente
- Kündigung
- Ablauf befristeter Arbeitsverträge
- Krankheit
- Todesfall
- Elternzeit
- Weiterbildung.

Die Zu- und Abgänge sind nur zum Teil vorhersehbar. Krankheiten, Todesfälle oder Schwangerschaften kommen für einen Betrieb meist überraschend. Größere Unternehmen arbeiten in ihrer Personalplanung mit Erfahrungswerten für solch unvorhersehbare Veränderungen.

Qualitativer Personalbestand

Der **qualitative Aspekt des Personalbestands** bezieht sich auf die Kenntnisse (Wissen), Fertigkeiten (Tun) und Erfahrungen der Mitarbeiter. [40] Man kann auch von den Fähigkeiten des Personals sprechen.

Dabei ist nicht nur an die Kompetenzen zu denken, die ein Mitarbeiter aktuell im Betrieb einsetzt. Oft haben Mitarbeiter Kenntnisse aus Aus- und Weiterbildungen, die sie bisher nicht in ihrem Arbeitsalltag anwenden konnten. Oder sie beweisen Talente in ihrer Freizeit, die für den Betrieb zukünftig interessant sein können, an der jetzigen Stelle des Mitarbeiters jedoch noch nicht gefragt waren. Beispiele dafür sind Sprachkenntnisse oder Organisations- und Führungsfähigkeiten aus Vereinstätigkeiten.

Voraussetzung für eine aussagekräftige Personalbedarfsplanung ist, dass die Fähigkeiten eines Mitarbeiters und seine Weiterentwicklung immer wieder erfasst und in seiner Personalakte oder -datei dokumentiert werden.

Fähigkeitsprofil

Ein Instrument zur Darstellung der Fähigkeiten ist das Fähigkeitsprofil (teilweise auch als Qualifikationsprofil bezeichnet). In diesem werden die Kenntnisse (z. B. technisches Wissen), Fertigkeiten (z. B. Ausführungssorgfalt und -geschwindigkeit) und Eigenschaften (z. B. Freundlichkeit) des Mitarbeiters abgebildet und in ihrer Ausprägung bewertet.

Informationen über die Fähigkeiten eines Mitarbeiters kommen unter anderem aus

Informationen über Mitarbeiterfähigkeiten

- den Bewerbungsunterlagen
- dem Bewerbungsgespräch
- den Mitarbeiterjahresgesprächen
- Personalentwicklungsgesprächen
- Verhaltensbeobachtungen
- Bewertungen durch Vorgesetzte oder Mitarbeiter
- Bewertungen und Aussagen durch Kunden
- Rückmeldungen von Aus- und Weiterbildungsmaßnahmen.

Ermittlung des fortgeschriebenen Personalbestands

Der **fortgeschriebene Personalbestand** zu einem bestimmten Planungsstichtag wird also ermittelt, indem

- der aktuelle quantitative Personalbestand erfasst wird und davon die voraussichtlichen Abgänge abgezogen, sowie die voraussichtlichen Zugänge hinzugezählt werden;
- der aktuelle Personalbestand aus qualitativer Sicht bewertet wird und anschließend noch die im Planungszeitraum zu erwartenden Personalentwicklungen berücksichtigt werden

Fallbeispiel 3

Handlungssituation (Fallbeispiel)

Jana Schreiber ist Filialleiterin in einer größeren Bäckerei. Ihr Chef möchte in der kommenden Woche wieder seine vierteljährliche Personalbedarfsplanung machen und hat all seine Filialleiterinnen und Filialleiter um Informationen zum Personalbestand gebeten.

Jana Schreiber überschlägt kurz: sie hat drei Vollzeitkräfte und zwei Mitarbeiterinnen, die jeweils 80% arbeiten. Dazu kommen zwei Halbtagskräfte und zwei Auszubildende. Da Lore Braun, eine ihrer 80%-Kräfte, nun schon längere Zeit erkrankt ist, deckt sie Engpässe mit einer Aushilfe ab.

In vier Wochen wird eine ihrer Auszubildenden ihre Lehre abschließen. Ihr Chef möchte die junge Dame nicht übernehmen. Darüber ist Jana Schreiber allerdings nicht glücklich, da eine ihrer Vollzeitkräfte ihr mitgeteilt hat, dass sie im 4. Monat schwanger ist. Erfreulich ist, dass die erkrankte Kollegin Braun wohl in den nächsten vier Wochen an ihren Arbeitsplatz zurückkehren kann. Eine der Halbtagskräfte ist vor kurzem umgezogen. Seitdem klagt sie über den weiten Arbeitsweg und möchte gerne in eine andere Filiale der Bäckerei wechseln.

Situationsbezogene Frage

Welche Informationen über den quantitativen Personalbestand kann Jana Schreiber ihrem Chef für seine Personalbedarfsplanung übermitteln?

2.2.3 Ermittlung des quantitativen Personalbedarfs

2.2.3.1 Organisatorische Methoden

Im Mittelpunkt der organisatorischen Methoden stehen die gegenwärtige und die angestrebte zukünftige Organisationsstruktur des Unternehmens. Voraussetzung für die Anwendung dieser Methoden sind regelmäßig aktualisierte Stellenpläne und bestenfalls auch Stellenbeschreibungen auf allen Hierarchieebenen des Betriebs.

- **Stellenplanmethode**
  In einem Stellenplan sind alle Stellen eines Unternehmens oder einer Abteilung dargestellt, unabhängig davon, ob und von wem sie besetzt sind. [41]

Stellenplan

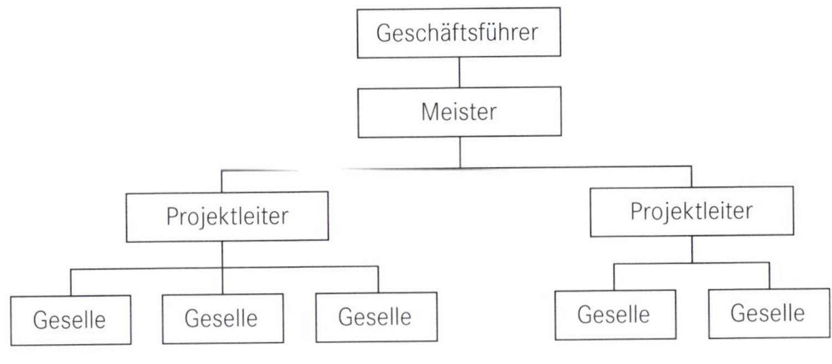

Stellenplan

Zur Ermittlung des Personalbedarfs werden der gegenwärtige und der für den Planungsstichtag vorgesehene Stellenplan (Bruttopersonalbedarf) miteinander verglichen. Hat der neue Stellenplan mehr Stellen als der bisherige, muss Personal beschafft werden.

Möchte der Geschäftsführer des Betriebs in obigem Schaubild sein Personal um ein weiteres vierköpfiges Projektteam ergänzen, erweitert sich sein Stellenplan. Der neue Stellenplan sieht eine zusätzliche Stelle für einen Projektleiter sowie drei weitere Gesellenstellen vor. Der Geschäftsführer hat damit auf alle Fälle schon einmal einen Neubedarf von vier Personen.

- **Stellenbesetzungsmethode**
  Ausgangspunkt der Stellenbesetzungsmethode ist der Stellenbesetzungsplan, in dem die verfügbaren Stellen den jeweiligen Mitarbeitern zugeordnet sind. [42] Die Darstellung kann in Listen- oder Schaubildform (siehe oben) erfolgen.

Stellenbesetzungsplan

Der Stellenbesetzungsplan zeigt die Namen der Mitarbeiter, kann aber zusätzlich auch Merkmale wie das Alter, Stellvertretungsregelungen oder Vollmachten enthalten. Nicht besetzte Stellen werden gesondert gekennzeichnet.

Der Personalbedarf ergibt sich durch den Vergleich des zukünftigen Stellenplans mit dem fortgeschriebenen Stellenbesetzungsplan, das heißt dem Stellenbesetzungsplan, der alle Veränderungen bis zum Planungsstichtag berücksichtigt.

Der Geschäftsführer aus dem obigen Schaubildbetrieb stellt fest, dass in Projektteam A demnächst ein Geselle in Rente gehen wird. Durch diese Pensionierung ist eine Stelle in seinem fortgeschriebenen Personalbesetzungsplan unbesetzt. Er hat also zusätzlich zum Neubedarf noch einen Ersatzbedarf von einer Person.

Sind die Stellen des Stellenplans mit Stellenbeschreibungen verknüpft, liefern die organisatorischen Methoden nicht nur Hinweise auf den quantitativen, sondern auch auf den qualitativen Personalbedarf.

2.2.3.2 Prognosemethoden

Der Bruttopersonalbedarf lässt sich auch mit verschiedenen Methoden der Bedarfsprognose ermitteln.

- **Schätzverfahren**
  Die Schätzverfahren sind in der Handwerkspraxis weit verbreitet. Vor allem die einfache Schätzung und die Expertenschätzung sind schnell und unkompliziert durchzuführen, sind aber auch wenig objektiv. Man unterscheidet:
  - Einfache Schätzung: Es werden alle betrieblichen Stellen mit Führungsverantwortung nach ihrem quantitativen und qualitativen Personalbedarf gefragt. Die Aussagen beruhen meist auf Erfahrung und Intuition der Stelleninhaber. Die Ergebnisse der Befragung werden anschließend zusammengefasst, auf Plausibilität geprüft und eventuell durch die Geschäftsführung entsprechend korrigiert.
  - Expertenschätzung: Bei der Expertenschätzung werden nur die Führungskräfte der oberen Hierarchieebenen (z. B. Meister oder Betriebsleiter) um eine Einschätzung des Personalbedarfs gebeten. Aus den Einzelschätzungen wird ein Gesamturteil abgeleitet.
  - Delphi-Methode: Nicht nur betriebseigene Führungskräfte, sondern auch Außenstehende wie Unternehmensberater, Lieferanten oder Kunden geben mit Hilfe eines Fragebogens ihre Einschätzung ab. Über die Ergebnisse der Fragebogenauswertung werden alle Teilnehmer informiert und um eine zweite Schätzung gebeten. Aus dieser zweiten Einschätzung wird der Bruttopersonalbedarf abgeleitet.

- **Kennzahlenverfahren**

  Das Kennzahlenverfahren setzt eine erkennbare Beziehung zwischen dem Personalbedarf und einer bestimmten Bezugsgröße voraus. Beispiele für solche Bezugsgrößen sind

Bezugsgrößen

  - der Umsatz pro Mitarbeiter,
  - die Anzahl der Kunden pro Mitarbeiter,
  - die Anzahl der Aufträge pro Mitarbeiter,
  - die Arbeitsproduktivität.

  Hilfreich können auch Kennzahlen zur Arbeitskräftestruktur sein. Hier werden einzelne Personalgruppen zueinander ins Verhältnis gesetzt. Beispielsweise wird von einer bestimmten Anzahl an Facharbeitern auf die erforderliche Anzahl an Hilfsarbeitern geschlossen. Oder die Anzahl von Mitarbeitern gibt vor, wie viele Führungskräfte benötigt werden. [43]

  Die Kennzahlen stammen aus Vergangenheitswerten des Unternehmens oder können auch aus Betriebsvergleichen abgeleitet sein. Zukünftige Leistungsveränderungen durch Rationalisierungen oder veränderte Produktionsverfahren müssen explizit berücksichtigt werden.

Handlungssituation (Fallbeispiel)

Fallbeispiel 4

Fabian Groß erzielt mit seinem Handwerksbetrieb im Moment (t_0) einen Jahresumsatz von 1.500.000,- €. Der durchschnittliche Umsatz seiner 15 Mitarbeiter beträgt jeweils 100.000,- €.

In drei Jahren (t_0) will Fabian Groß die Zwei-Millionen-Euro-Marke knacken. Er geht bis dahin von einer jährlichen Umsatzsteigerung seiner Mitarbeiter um 5% aus.

Wie groß ist sein Bruttopersonalbedarf in drei Jahren?

Der Bruttopersonalbedarf errechnet sich nach der Kennzahlenmethode:

$$\text{Bruttopersonalbedarf} = \frac{\text{Geplanter Umsatz}}{\text{Geplanter Umsatz pro Mitarbeiter}}$$

Ausgangsdaten t_0:

• Umsatz	1.500.000,- €
• Mitarbeiter	15
• Umsatz pro Mitarbeiter	100.000,- €

Prognose für t_1:

- Umsatz 2.000.000,- €
- Umsatzsteigerung pro Mitarbeiter jährlich 5 %
- Umsatz pro Mitarbeiter in t_1: $1{,}05^3 \times 100.000{,}- € =$ 115.762,50 €

Bruttopersonalbedarf $\frac{2.000.000{,}- €}{115.762{,}50\ €} = 17{,}28$

Der Bruttopersonalbedarf von Fabian Groß beträgt 17 Mitarbeiter.

- **Personalbemessungsverfahren**
  Das Personalbemessungsverfahren berücksichtigt zur Bestimmung des Personalbedarfs den Zeitbedarf je Arbeitsverrichtung. Er kann durch Schätzung, Tätigkeitsvergleiche oder arbeitswissenschaftliche Verfahren ermittelt werden.

  Der Einsatzbedarf wird nach dem Personalbemessungsverfahren berechnet:

  $$\text{Einsatzbedarf} = \frac{\text{Arbeitsmenge mal Arbeitsbedarf pro Vorgang}}{\text{Übliche Arbeitszeit pro Arbeitskraft}}$$

  Für den Bruttopersonalbedarf kann zum Einsatzbedarf noch ein Reservebedarf in Form eines Zuschlags berücksichtigt werden.

Fallbeispiel 5

Handlungssituation (Fallbeispiel)

Nadine Peters leitet die Serienfertigung in der Schreinerei ihres Vaters. Von einem großen Gewerbekunden hat die Schreinerei den Auftrag erhalten, pro Monat 5000 Holzteile zu liefern, die der Kunde selbst weiterverarbeitet. Pro Stück muss Nadine Peters mit einer Herstellungszeit von 15 Minuten sowie einer Verteilzeit von drei Minuten rechnen. Die Mitarbeiter in der Serienfertigung arbeiten durchschnittlich 37 Stunden in der Woche, bei ca. 46 Arbeitswochen im Jahr.

Wie viele Mitarbeiter muss Nadine Peters für den neuen Auftrag einplanen?

Erforderliche Arbeitszeit pro Mengeneinheit (15 Minuten)	0,25 Stunden
Verteilzeit pro Mengeneinheit (drei Minuten)	0,05 Stunden
Anzahl der geplanten Mengeneinheiten	5.000 Stück
Gesamtes Arbeitsvolumen pro Monat	
(0,25 + 0,05) × 5.000 =	1.500 Stunden

Durchschnittliche Arbeitszeit eines Mitarbeiters pro Monat

37 Stunden/Woche × 46 Arbeitswochen/12 Monate = 142 Stunden/Monat

$$\text{Einsatzbedarf} = \frac{1500}{142} = 10{,}56$$

Mit einem Reservepuffer plant Nadine Peters 11 Mitarbeiter für den Auftrag ein.

- **Globale Bedarfsprognose**
  Die globale Bedarfsprognose setzt eine kontinuierliche Entwicklung des Personalbedarfs voraus. Mit Hilfe statistischer Methoden werden die Daten der Vergangenheit in die Zukunft fortgeschrieben.

  Das Verfahren eignet sich nur für größere Unternehmen mit einer kontinuierlichen Absatz- und Produktionsentwicklung. [44] Im Handwerk findet es eher selten Anwendung.

2.2.4 Bestimmung des qualitativen Personalbedarfs

Stichhaltige Aussagen über den Personalbedarf erfordern nicht nur die Bestimmung der nötigen Anzahl an Mitarbeitern - notwendig ist auch, die qualitativen Anforderungen an die zukünftigen Stelleninhaber zu ermitteln. Wichtige Instrumente dafür sind die Stellenbeschreibung und das Anforderungsprofil.

2.2.4.1 Die Stellenbeschreibung

> Eine **Stellenbeschreibung** dokumentiert die wichtigsten Merkmale einer Stelle und zeigt auf, welche Verhaltensweisen zur Zielerreichung und damit zum Erfolg des Stelleninhabers führen.

Personenunabhängige Formulierung

Die Stellenbeschreibung wird personenunabhängig formuliert. Ihr Bezugspunkt ist ausschließlich die Stelle mit ihren Aufgaben. Diese Aufgaben müssen im Betrieb erfüllt werden, unabhängig davon, welcher Mitarbeiter die Stelle innehat. Nur so lassen sich ein stabiler Arbeitsablauf und eine gleichbleibende Leistungsqualität sichern. Für mehrere Personen, die gleichartige Stellen innehaben, gilt die gleiche Stellenbeschreibung.

Veränderung von Stellenbeschreibungen

Stellenbeschreibungen können sich mit der Zeit verändern und weiterentwickeln. Verändern sich z. B. die Arbeitsabläufe, die Organisationsstruktur oder die Leistungsanforderungen an die Arbeit, werden die Stellenbeschreibungen entsprechend angepasst. Wird die Stelle dagegen einfach nur personell neu besetzt, ändert sich nichts.

Beispiel

Jochen Schreiber und Tobias Vetter sind als Vorarbeiter in einem Malerbetrieb beschäftigt. Da beide gleichartige Stellen besetzen, gelten für beide auch die gleichen Aufgaben und Stellenbeschreibungen.

Eines Tages zieht Jochen Schreiber mit seiner Familie um und verlässt daher das Unternehmen. Er soll ersetzt werden durch den neu eingestellten Mario Buch. Der junge Mario Buch hat zwar gerade seine Meisterprüfung abgeschlossen, soll aber zunächst als Vorarbeiter im Betrieb tätig sein und noch Erfahrungen sammeln. Obwohl er nun eine andere Qualifikation für seine Stelle mitbringt als Tobias Vetter, gelten für beide die gleichen Stellenbeschreibungen.

Zu den **Inhalten** einer Stellenbeschreibung zählen die

Inhalte der Stellenbeschreibung

- Bezeichnung der Stelle,
- Unter- und Überstellung, d. h. die Angabe, wer Vorgesetzter des Stelleninhabers ist bzw. wer vom Stelleninhaber geführt wird,
- Befugnisse und Vollmachten,
- Stellvertretungsregelungen,
- Ziele der Stelle,
- Hauptaufgaben der Stelle.

Kernpunkt der Stellenbeschreibung und ausschlaggebend für die qualitative Personalbedarfsermittlung sind die Aufgaben einer Stelle. Um ein angestrebtes Arbeitsergebnis zu erreichen, wird genau beschrieben, welches Verhalten beobachtbar oder nachvollziehbar vom Stelleninhaber umgesetzt werden soll. Wo es nötig ist, kann das „Was“ (Verhalten) auch durch ein „Wie“ (Ausführungsform) oder ein „Wann“ (Ausführungszeit oder -häufigkeit) ergänzt werden. Je nach Zuschnitt einer Stelle enthält die Stellenbeschreibung neben Aussagen zur Auftragsbearbeitung auch Vorgaben zu Bereichen wie Ordnung und Sauberkeit im Betrieb, Dokumentation und Information, Führung oder auch Kundenorientierung.

Formulierungen aus Stellenbeschreibungen lauten z. B.

Die Stelleninhaberin/der Stelleninhaber

- teilt zu Arbeitsbeginn die Teammitglieder ein,
- bespricht vor Auftragsausführung die Arbeitszeiten und Arbeitsabläufe mit dem Kunden,
- reinigt nach Ladenschluss den Thekenbereich,
- telefoniert drei Arbeitstage nach Angebotsversendung dem Angebot nach,
- benützt Überziehschuhe beim ersten Betreten einer Wohnung und legt anschließend die Laufwege mit Abdeckmaterial aus,
- begrüßt freundlich jeden Kunden, der den Laden betritt,
- bestellt vor 16.00 Uhr fehlendes Baustellenmaterial für den Folgetag,
- holt Lieferanten-Angebote nach Anweisung des Technikers ein,
- schreibt Regiestunden nach Abschluss der Arbeiten auf und lässt sie sofort vom Auftraggeber unterzeichnen,
- führt einmal jährlich ein Mitarbeitergespräch mit jedem seiner Mitarbeiter.

Anforderungsprofil

Wenn bekannt ist, welche Aufgaben an einer Stelle zu erledigen sind, kann bestimmt werden, welche Eigenschaften ein Stelleninhaber zur Ausführung der Aufgaben mitbringen muss. Aus der Stellenbeschreibung wird das Anforderungsprofil einer Stelle (siehe auch Abschnitt 2.2.4.2) abgeleitet. Der Vergleich von Anforderungsprofil und Fähigkeitsprofil eines Mitarbeiters zeigt auf, ob dieser Mitarbeiter für diese Stelle bereits geeignet ist, noch weitergebildet werden muss oder überhaupt nicht in Frage kommt.

Stellenbeschreibungen haben aber noch weitere Vorteile. Sie

Vorteile der Stellenbeschreibung

- klären Kompetenzen und Vertretungen,
- verbessern die Abläufe im Betrieb,
- verhindern Doppelarbeiten,
- erleichtern die Einarbeitung neuer Mitarbeiter,
- dienen als Grundlage für die Personalentwicklung,
- vereinfachen die Leistungsbeurteilung eines Mitarbeiters.

Fallbeispiel 6

Handlungssituation (Fallbeispiel)

Frank Ritter führt schon seit 10 Jahren einen Metallbaubetrieb mit 22 Mitarbeitern. In letzter Zeit bemerkt er einige Unstimmigkeiten im Team. Seit er die neue Führungskraft eingestellt hat, scheint es immer wieder Kompetenzgerangel zu geben.

Er selbst fühlt sich zunehmend überlastet mit seinen Aufgaben. Gerne würde er darum jemanden zu seiner Unterstützung einstellen. Allerdings weiß er gar nicht genau, welche Person mit welchen Eigenschaften er für diese Aufgabe ansprechen soll.

In einer Fachzeitschrift hat er nun einen Artikel über Stellenbeschreibungen entdeckt. Ihm scheint, diese könnten ihm helfen, die Aufgaben- und Kompetenzlage unter seinen Führungskräften zu klären. Und mit der Definition einer Stellenbeschreibung hofft er auch, die Anforderungen an den neuen Mitarbeiter, der ihn entlasten soll, rasch zu erkennen. Bleibt nur die Frage, wie er am besten zu den Stellenbeschreibungen kommt?

Situationsbezogene Fragen

- Welche Vorgehensweise empfehlen Sie Frank Ritter?
- Wer könnte ihn bei den Stellenbeschreibungen unterstützen?

Stellenbeschreibungen können auf ganz unterschiedliche Weise zustande kommen.

Erarbeitung der Stellenbeschreibung

- Sie werden aus bestehenden Stellenbeschreibungen des eigenen Betriebs oder anderer, vergleichbarer Betriebe abgeleitet.
- Sie werden von der Geschäftsführung erstellt.
- Sie werden von den Vorgesetzten der Stelle definiert.
- Es werden die Stelleninhaber um einen Vorschlag gebeten, der anschließend von Vorgesetzten oder der Geschäftsleitung überarbeitet und angepasst wird.

Ist-Aufnahme der Stelle

Auf jeden Fall empfiehlt sich bei bereits bestehenden Stellen zunächst eine **Ist-Aufnahme.** [45] Die bisherigen Tätigkeiten können z. B. erfasst werden, indem

- der Stelleninhaber seine bisherigen Aufgaben aufschreibt (Tage- oder Wochenprotokoll),
- der Stelleninhaber befragt wird,
- der Stelleninhaber beobachtet wird,
- und/oder man den Vorgesetzten des Stelleninhabers befragt.

Um von allen Betriebsangehörigen als Führungs- und Planungsinstrument akzeptiert zu werden, sollten sich Stellenbeschreibungen auf das Wesentliche beschränken und regelmäßig überprüft werden. [46]

2.2.4.2 Das Anforderungsprofil

Das **Anforderungsprofil** beschreibt die Eigenschaften, Kenntnisse und Fertigkeiten, die ein Mitarbeiter aufweisen muss, um an einer bestimmten Stelle erfolgreich zu sein. Es erfasst nicht die Fähigkeiten konkreter Personen, sondern leitet sich aus den Aufgaben einer Stelle ab. „Nicht die Person bestimmt die Anforderungen einer Stelle, sondern das Aufgabengebiet bestimmt die Anforderungen an eine Person." [47]

Genau wie die Stellenbeschreibung ist das Anforderungsprofil personenunabhängig formuliert.

Inhalte des Anforderungsprofils

Ein Anforderungsprofil enthält unter anderem Aussagen über die

- formale Qualifikation des Stelleninhabers (z. B. Berufsabschluss oder Führerschein)
- fachliche Kompetenz
- Methodenkompetenz (z. B. die Arbeitsweise)
- soziale Kompetenz (z. B. Team- oder Kommunikationsfähigkeit)
- persönliche Kompetenz (z. B. Belastbarkeit).

Die dargestellten Fähigkeiten können noch gewichtet werden nach Muss-Anforderungen (unabdingbare Voraussetzungen) und Kann-Anforderungen (erwünschte Voraussetzungen).

Fallbeispiel 7

Handlungssituation (Fallbeispiel)

Frank Ritter hat mit der Formulierung seiner Stellenbeschreibungen begonnen. Gerade sammelt er die Aufgaben für eine der Halbtagsstellen in seinem Büro.

Die Stelleninhaberin/der Stelleninhaber

- nimmt eingehende Telefonate im Büro an
- vereinbart Kundentermine für den Chef
- verschickt Mahnungen
- ruft säumige Zahler an
- fragt Lieferantenpreise ab
- bestellt das Büromaterial
- macht die Projektablage
- öffnet und bearbeitet die Post

Frank Ritter bittet Sie aus Zeitmangel, ihn bei der Erstellung des Anforderungsprofils für diese Stelle zu unterstützen.

Situationsbezogene Fragen

- Welche Anforderungen leiten Sie aus den dargestellten Tätigkeiten ab?
- Wie könnte das Anforderungsprofil aussehen?

Funktionen des Anforderungsprofils

In der **Personalbedarfsplanung** wird das Anforderungsprofil genutzt, um den qualitativen Soll-Bedarf des Unternehmens auszudrücken. Wird das Anforderungsprofil einer Stelle mit dem Fähigkeitsprofil des Stelleninhabers verglichen, zeigt sich, ob dieser den Anforderungen der Stelle gewachsen ist oder eine qualitative Über- bzw. Unterdeckung besteht. Eine Unterdeckung kann bedeuten, dass der Mitarbeiter für die Stelle noch qualifiziert werden oder eine ganz neue Stellenbesetzung gesucht werden muss. Ist ein Mitarbeiter überqualifiziert, könnte sich auf Dauer ein Motivationsproblem ergeben.

Eignungsprofil

Eine wichtige Rolle spielt das Anforderungsprofil auch in der **Personalbeschaffung.** So wird die Formulierung der Stellenanzeigen, die Fragenauswahl für ein Bewerbungsgespräch oder auch die Definition des Auswahlrasters aus dem Anforderungsprofil abgeleitet. Aus dem Vergleich des Anforderungsprofils mit dem Fähigkeitsprofil (auch Qualifikationsprofil genannt) eines Bewerbers ergibt sich dessen Eignungsprofil. Das **Eignungsprofil** zeigt den Grad der Übereinstimmung der Fähigkeiten des Bewerbers mit den Vorstellungen und Anforderungen des Betriebs und dient der zielgerichteten Personalauswahl.

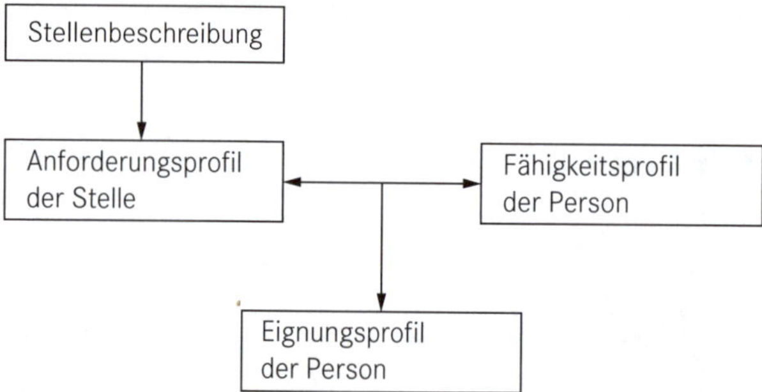

Ermittlung des Eignungsprofils

Zudem ermöglicht das Anforderungsprofil, im Rahmen der **Personaleinsatzplanung** die bestehenden Arbeitskräfte bestmöglich den Arbeitsplätzen zuzuordnen.

2.2.5 Personalüber- und -unterdeckung beheben

Die Personalbedarfsplanung kann eine Personalüber- oder -unterdeckung in einem Betrieb ergeben. Es gibt unterschiedliche Möglichkeiten, diese mit oder ohne eine Veränderung der Mitarbeiteranzahl zu beheben.

2.2.5.1 Maßnahmen zum Ausgleich von Unterdeckungen

Fallbeispiel 8

Handlungssituation (Fallbeispiel)

Stuckateurmeister Hess geht gerade jeden Morgen mit schlechtem Gewissen in sein Büro. Er weiß, dass es nicht lange dauern wird, bis die ersten verärgerten Kunden sich bei ihm melden werden. Sein sonst so zuverlässiger Betrieb kommt seit Wochen seinen Terminversprechungen nicht nach. Erst hat ihm der lange Winter seine ganze Terminplanung durcheinandergebracht. Und jetzt ist auch noch einer seiner 15 Gesellen durch einen Arbeitsunfall für mehrere Wochen außer Gefecht. Seine Personalbedarfsplanung zeigt eine deutliche Unterdeckung.

Situationsbezogene Fragen

- Was kann Stuckateurmeister Hess in dieser Situation tun?
- Welche Aspekte hat er bei seinen Überlegungen zu berücksichtigen?

Einen wichtigen Einfluss auf die Auswahl einer geeigneten Maßnahme hat die erwartete Dauer der Unterdeckung. Kurzfristige Unterdeckungen, die sich in absehbarer Zeit von selbst regulieren, werden anders gelöst als Unterdeckungen, die ohne Eingreifen auf Dauer Bestand haben.

Behebung einer Unterdeckung

Maßnahmen zur Behebung einer Unterdeckung sind z. B.

- **Mehrarbeit**

Mehrarbeit bedeutet, dass für einzelne, mehrere oder alle Arbeitnehmer eine Verlängerung ihrer Arbeitszeit erfolgt. [48]

Mehrarbeit gibt es in Form von **Überstunden** oder Änderung **der betrieblichen Arbeitszeit.** Von Überstunden spricht man, wenn die tatsächliche Arbeitszeit eines Mitarbeiters seine arbeits- oder tarifvertraglich vereinbarte Arbeitszeit übersteigt. Eine Änderung der betrieblichen Arbeitszeit bedeutet, dass die Arbeitszeit im Unternehmen generell erhöht wird.

Mehrarbeit bietet sich bei kurzfristigen Spitzen an. Als Dauerlösung kann Mehrarbeit negative Folgen für die Motivation und die Gesundheit der Mitarbeiter haben.

- **Urlaubsverschiebung**

Eine Personalunterdeckung zu einem bestimmten, begrenzten Zeitraum kann auch über eine Urlaubsverschiebung ausgeglichen werden. Einzelne oder mehrere Mitarbeiter werden gebeten, ihren Urlaub zu einem anderen als dem geplanten Zeitpunkt anzutreten.

Grundsätzlich hat der Arbeitgeber das Recht, den Urlaub einseitig festzulegen. „Er hat dabei jedoch die Wünsche des Arbeitnehmers zu berücksichtigen (§ 7 Abs. 1 BurlG), soweit dringende betriebliche Erfordernisse dies zulassen oder andere Arbeitnehmer wegen ihrer sozialen Situation nicht Vorrang beanspruchen können." [49]

Ist der Urlaub erst einmal erteilt, kann er nur durch eine gemeinsame Vereinbarung von Arbeitgeber und Arbeitnehmer widerrufen werden. Einseitig kann der Arbeitgeber dies nur bei unvorhergesehenen Ereignissen tun. [50]

- **Arbeitnehmerüberlassung**

Personalleasing

Die gewerbsmäßige Arbeitnehmerüberlassung (auch Personalleasing genannt) bedeutet, dass sich ein Betrieb bei einem Personalleasing-Unternehmen (Verleiher) gegen Entgelt eine Arbeitskraft (Leiharbeitnehmer) ausleiht. Der Einsatz des Leiharbeitnehmers kann befristet oder auch unbegrenzt sein.

Der Leiharbeitnehmer hat einen Arbeitsvertrag mit dem Verleiher. Dieser bezahlt ihn und führt die Steuern und Sozialabgaben ab.

Der Entleiher schließt mit dem Verleiher einen Arbeitnehmerüberlassungsvertrag. Ist er nicht zufrieden, kann auf seinen Wunsch der Leiharbeitnehmer auch ausgetauscht werden.

Für die Arbeitnehmerüberlassung sprechen die kurzfristige Verfügbarkeit, die geringen Personalbeschaffungskosten und die Flexibilität des Einsatzes. Nachteilig können beispielsweise aber die fehlende Kontinuität, die geringe Identifikation des Leiharbeitnehmers mit dem Betrieb und die mangelnde Einarbeitung sein.

Beschränkungen

Die gewerbsmäßige Arbeitnehmerüberlassung ist nicht in allen Gewerken möglich. In Betrieben des Baugewerbes ist sie für Tätigkeiten, die üblicherweise von **Arbeitern** ausgeführt werden, grundsätzlich unzulässig. Als Baugewerbe wird hier das Bauhauptgewerbe, nicht jedoch die Baunebengewerbe verstanden. „Danach gehören zum Bauhauptgewerbe alle Bereiche in denen Leistungen der Winterbauförderung erbracht werden; z. B. Dachdeckerbetriebe. Maler- und Elektrikerbetriebe gehören dagegen zum Baunebengewerbe, hier ist eine Arbeitnehmerüberlassung möglich." [51] Das Verbot trifft auch Mischbetriebe, wenn die dort beschäftigten Mitarbeiter mehr als die Hälfte der Arbeitszeit Bauleistungen erbringen.

Der Stuckateurbetrieb Hess aus obigem Beispiel zählt zum Bauhauptgewerbe - eine Arbeitnehmerüberlassung kommt für ihn als Lösung damit nicht in Frage.

„Nicht unter das Überlassungsgesetz fällt die Überlassung von Arbeitnehmern zwischen Unternehmen desselben Wirtschaftszweiges zur Vermeidung von Kurzarbeit und Entlassung, falls ein Tarifvertrag dies vorsieht." [52]

- **Werkvertrag**

Durch einen Werkvertrag wird ein anderes selbstständiges Unternehmen dazu verpflichtet, Teilbereiche eines Auftrags zu übernehmen. Gemäß §§ 631 ff BGB kann Gegenstand des Werkvertrags „sowohl die Herstellung oder Veränderung einer Sache als auch ein anderer durch Arbeit oder Dienstleistung herbeizuführender Erfolg sein".

Werkverträge gibt es beispielsweise bei Bau-, Reparatur-, Wartungs- oder Transportleistungen.

Stuckateurmeister Hess könnte, um sich zu entlasten, mit einem Werkvertrag Teile seiner Aufträge an andere Stuckateurbetriebe als Subunternehmen weitervergeben. Nicht alle Kunden schätzen jedoch diese Praxis.

- **Fortbildung**

Die Fortbildung eines Mitarbeiters kann zum Ziel haben, eine qualitative Unterdeckung auszugleichen und diesen Mitarbeiter für die Besetzung einer bestimmten Stelle fit zu machen.

Die systematische Qualifizierung des Personals kann aber auch zu einem flexibleren Einsatz der Arbeitskräfte, zu einem qualitativ höheren Arbeitsergebnis und zu effizienteren Arbeitsabläufen führen.

- **Personalbeschaffung**

Personalbeschaffung bedeutet, neue Mitarbeiter im Betrieb einzustellen. Die Suche und Auswahl neuer Mitarbeiter ist mit Aufwand und Kosten verbunden. Sie ist aber dann notwendig, wenn sich kein bestehender Mitarbeiter für die unbesetzte Stelle eignet oder die zahlenmäßige Unterdeckung von Dauer sein wird und sich nicht sinnvoll mit einer der oben beschriebenen Maßnahmen auffangen lässt.

Verschiedene Wege der Personalbeschaffung behandelt Kapitel/Lernsituation 3.

2.2.5.2 Maßnahmen zum Abbau von Personalüberhängen

Handlungssituation (Fallbeispiel)

Fallbeispiel 9

Nadine Peters, die junge Schreinerin, die die Serienfertigung im Betrieb ihres Vaters leitet, muss einen herben Rückschlag hinnehmen. Nachdem der neue Großauftrag durch eine Aufstockung ihres Teams über Monate hinweg reibungslos bedient wurde, hat der Kunde nun mitgeteilt, dass er keinen Bedarf mehr an der Zuarbeit durch die Schreinerei Peters hat. Nadine Peters ist enttäuscht. Ihr Vater versucht zwar, Ersatzaufträge zu akquirieren, doch wann und ob diese kommen werden, weiß sie nicht. Sie hat nun ein gut ausgebildetes und eingespieltes Team – und ihre Personalbedarfsplanung zeigt einen Personalüberhang in ihrer Abteilung.

Situationsbezogene Fragen

- Was würden Sie Nadine Peters in dieser Situation raten?
- Welche Maßnahmen schlagen Sie ihr vor und wie begründen Sie diese?

Personalüberhang

Verliert ein Betrieb z. B. Aufträge, wird ein Auftrag verschoben, geht die Nachfrage insgesamt zurück, gibt es strukturelle Betriebsveränderungen oder persönliche Gründe für eine Verkleinerung des Betriebs, ergibt sich ein Personalüberhang. Dieser kann mit oder ohne Reduzierung der Belegschaft abgebaut werden.

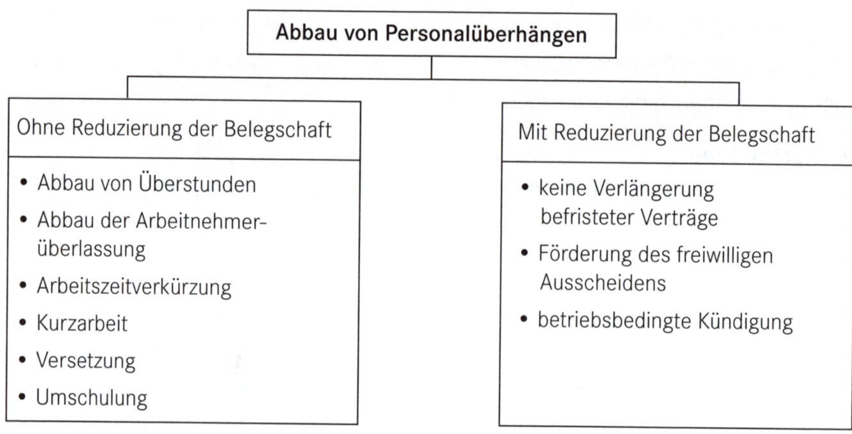

Maßnahmen zum Abbau von Personalüberhängen

Abbau von Personalüberhängen

Maßnahmen ohne Reduzierung der Belegschaft

- **Abbau von Überstunden**
  Ein Abbau von Überstunden wirkt kurzfristig und kann ohne weitere Vorkehrungen durchgeführt werden.

- **Abbau der Arbeitnehmerüberlassung**
  Auch der Abbau der Arbeitnehmerüberlassung erzielt kurzfristig Effekte bei einem Personalüberhang. Durch den Abbau der als Personalpuffer eingesetzten Leiharbeitnehmer bleibt die Stammbelegschaft unverändert.

- **Arbeitszeitverkürzung**
  Sind die rechtlichen Voraussetzungen (Tarifvertrag, Betriebsvereinbarungen, Einzelarbeitsvertrag) gegeben, kann eine zeitweise Verkürzung der regelmäßigen wöchentlichen Arbeitszeit im Betrieb beschäftigungssichernd wirken. „Vielfach kann die Arbeitszeit bis auf 30 Stunden/Woche oder weniger verkürzt werden, wodurch die personelle Kapazität allein durch diese Maßnahme um ca. 1/6 gekürzt werden kann.“ [53] Je nach tarifvertraglicher Regelung gibt es dafür keinen oder nur einen geringfügigen Lohnausgleich. Der Betriebsrat hat ein Mitbestimmungsrecht.

- **Kurzarbeit**
  Eine Reduzierung der Arbeitszeit des gesamten Betriebs oder einzelner Abteilungen gegen Zahlung von Kurzarbeitergeld, bezeichnet man als Kurzarbeit.

  Voraussetzungen für die Zahlung von Kurzarbeitergeld

  Die Zahlung des Kurzarbeitergelds an sozialversicherungspflichtige, ungekündigte Arbeitnehmer durch die Bundesagentur für Arbeit ist an bestimmte Voraussetzungen gebunden (s. §§ 169 bis 182 SGB III). So muss ein erheblicher Arbeitsausfall vorliegen, der auf wirtschaftlichen Gründen oder einem unabwendbaren Ereignis beruht. Der Arbeitsausfall muss vorübergehend und nicht vermeidbar sein. Und er muss bei mindestens einem Drittel der Arbeitnehmer zu einer Lohneinbuße von mehr als 10 % ihres monatlichen Bruttoentgelts führen. [54]

  Das Kurzarbeitergeld wird bis zu sechs Monate gewährt. Die Zahlung kann unter bestimmten Bedingungen auf zwölf Monate ausgedehnt werden. Der Arbeitsausfall wird bei der zuständigen Agentur für Arbeit angezeigt, die dann die Zulässigkeit der Kurzarbeit prüft.

  Saison-Kurzarbeit

  Neben der konjunkturellen Kurzarbeit gibt es in der Bauwirtschaft noch die Saison-Kurzarbeit. Bei saisonalen Arbeitsausfällen in der Schlechtwetterzeit erhalten die Beschäftigten Saison-Kurzarbeitsgeld, um einen Anstieg der Arbeitslosigkeit in den Wintermonaten zu verhindern und die Beschäftigung im Baugewerbe zu verstetigen.

- **Versetzung**
  In größeren Unternehmen mit mehreren Abteilungen ist bei einem bereichsbegrenzten Personalüberhang auch eine Versetzung denkbar. Voraussetzung dafür ist allerdings, dass die Qualifikation der Mitarbeiter einen Abteilungswechsel möglich macht. Gibt es einen Betriebsrat, hat dieser bei einer Versetzung ein Mitbestimmungsrecht.

  Nadine Peters aus dem obigen Beispiel könnte prüfen, ob sie Mitarbeiter der Serienfertigung zeitweise oder dauerhaft in den anderen Abteilungen der Schreinerei unterbringen kann.

- **Umschulung**
  Eine Umschulung bedeutet, dass ein Mitarbeiter eine Zweitausbildung für eine andere, als der von ihm bisher ausgeübten Tätigkeit erhält. Die Umschulung ist Teil der Erwachsenenbildung und kann für den Mitarbeiter zu einem ganz neuen Beruf mit eigenem Abschluss führen.

  Die Umschulung ist eine Möglichkeit, Mitarbeitern, deren Qualifikation nicht mehr gefragt ist oder die aufgrund von Alter oder Krankheit ihre bisherige Arbeit nicht mehr ausüben können, eine Perspektive zu geben und sie im Betrieb zu halten.

Maßnahmen mit Reduzierung der Belegschaft

- **Keine Verlängerung befristeter Verträge**
  Wird ein befristeter Arbeitsvertrag nicht verlängert oder nicht in einen unbefristeten Arbeitsvertrag umgewandelt, endet das Arbeitsverhältnis automatisch mit Ablauf der festgelegten Frist.

- **Förderung des freiwilligen Ausscheidens**
  Beispielsweise durch einen Aufhebungsvertrag und die Zahlung einer Abfindung kann das freiwillige Ausscheiden von Mitarbeitern gefördert werden.

  Ein Aufhebungsvertrag regelt die einvernehmliche Auflösung des Arbeitsverhältnisses und bedarf der Schriftform. Er kann einzelnen Arbeitnehmern angeboten werden und muss keinerlei Fristen berücksichtigen. Das Arbeitsverhältnis endet zum gemeinsam vereinbarten Zeitpunkt. Gibt es diesen nicht, endet es mit Unterzeichnung des Vertrags.

- **Betriebsbedingte Kündigung**
  Sind alle anderen Mittel ausgeschöpft, bleibt bei einem Personalüberhang noch die betriebsbedingte Kündigung. Eine Kündigung ist betriebsbedingt, wenn dringende betriebliche Erfordernisse eine Weiterbeschäftigung eines Arbeitnehmers unmöglich machen. Gründe für eine betriebsbedingte Kündigung können z. B. Absatzschwierigkeiten oder Rationalisierungsmaßnahmen des Betriebs sein.

Auswahl der Mitarbeiter

Bei der Auswahl der Mitarbeiter, denen gekündigt werden soll, sind soziale Gesichtspunkte zu beachten. „Aus dem Kreis der miteinander vergleichbaren Mitarbeiter (nach arbeitsplatzbezogenen Merkmalen) trifft die Kündigung denjenigen, der am wenigsten auf seinen Arbeitsplatz angewiesen ist.“ [55]

Angemessen berücksichtigt werden müssen die Dauer der Betriebszugehörigkeit, das Lebensalter, die Unterhaltsverpflichtungen und eine Schwerbehinderung des Arbeitnehmers.

Aus dieser Sozialauswahl ausgeschlossen werden kann ein Mitarbeiter nur, wenn betriebstechnische, wirtschaftliche oder sonstige berechtigte Bedürfnisse die Weiterbeschäftigung dieses Mitarbeiters unbedingt erforderlich machen. [56] Hat ein Mitarbeiter z. B. Fachkenntnisse, die für einen Betrieb wichtig sind und die kein anderer Mitarbeiter besitzt, kann er weiterbeschäftigt werden, obwohl er jünger als alle anderen Mitarbeiter ist.

Kündigungsschutzklage

Sofern das Kündigungsschutzgesetz gilt, kann der Mitarbeiter innerhalb von drei Wochen gegen die Kündigung klagen (Kündigungsschutzklage). Das Gesetz ermöglicht dem Arbeitnehmer eine Alternative. Verzichtet er auf eine Kündigungsschutzklage, kann er einen gesetzlichen Abfindungsanspruch geltend machen. Der Arbeitgeber muss ihn dafür im Kündigungsschreiben auf diese Möglichkeit hinweisen. Die Abfindung beträgt 0,5 Monatsverdienste für jedes Jahr der Beschäftigung.

Für die Auswahl der geeigneten Maßnahme spielen verschiedene Aspekte eine Rolle. Wichtig zu berücksichtigen ist, wie lange der Personalüberhang andauern wird, wie schnell ein Abbau greifen muss und wie viele Mitarbeiter tatsächlich betroffen sind. Die Entlassung gut qualifizierter und eingearbeiteter Mitarbeiter ist für einen Betrieb ein herber Verlust und schlecht für die Motivation der Gesamtbelegschaft. Gerade in Gewerken mit Fachkräftemangel wird jeder Betrieb versuchen, eine Entlassung durch andere Maßnahmen zu verhindern.

2.3 Personaleinsatzplanung

Handlungssituation (Fallbeispiel)

Fallbeispiel 10

Jonas Beck ist schon seit vielen Jahren Meister in einem Malerbetrieb. Wie jeden Freitag sitzt er an seinem Schreibtisch und überlegt sich, wie er mit seinem Team bestmöglich die Aufträge der kommenden Woche bewältigen kann. Auf dem Auftragsplan kann er erkennen, dass sowohl Aufträge für anspruchsvolle Privatkunden, als auch große Neubauaufträge zu erledigen sind. Aus Erfahrung weiß er, dass sich nicht alle Mitarbeiter in gleichem Maß für diese Aufgaben eignen. Außerdem scheint ihre Leistungsfähigkeit stark davon abzuhängen, mit welchem Baustellenleiter und welchen Kollegen sie zusammenarbeiten.

Situationsbezogene Fragen

- Welche Informationen benötigt Jonas Beck für seine Planung?
- Welche Aspekte hat er zu berücksichtigen?

2.3.1 Der Personaleinsatz

Unter dem **Personaleinsatz** versteht man die Zuordnung der Mitarbeiter zu den verfügbaren Stellen und Arbeitsplätzen in einem Betrieb.

Ziel ist es, die Zuordnung so optimal zu gestalten, dass

- die Mitarbeiter ihre Leistung pünktlich, wirtschaftlich und in der erforderlichen Qualität erbringen können und
- die Mitarbeiter durch die Arbeitsbedingungen und ihre Aufgabenstellung motiviert und zufrieden sind.

Das gelingt nur, wenn die unternehmerischen Ziele mit den Zielen, Fähigkeiten und Bedürfnissen der Mitarbeiter abgeglichen werden.

Den Begriff Personaleinsatz kann man zeitpunkt- oder zeitraumbezogen betrachten.

Zeitpunktbezogen geht es um [57]

- die qualitative Zuordnung (zu verstehen als eine möglichst große Übereinstimmung von Anforderungen der Stelle und Fähigkeiten der Mitarbeiter)
- die quantitative Zuordnung (das heißt, eine möglichst gute Entsprechung der verfügbaren Stellen mit der Anzahl der vorhandenen und geeigneten Mitarbeiter) sowie
- die zeitliche Zuordnung des Personals (mit dem Ziel einer möglichst guten Abdeckung der erforderlichen Betriebszeiten durch die Arbeitszeiten der Mitarbeiter).

Zeitraumbezogen betrachtet beginnt der Personaleinsatz mit der Arbeitsaufnahme eines Mitarbeiters und endet mit seinem Ausscheiden aus dem Betrieb. Kernbereich des Personaleinsatzes ist die dazwischen liegende Leistungsphase. [58]

Ausschlaggebend für die **Leistung** eines Mitarbeiters sind [59]

Leistungsfaktoren

- seine Leistungsfähigkeit,
- seine Leistungsbereitschaft sowie
- äußere Leistungsfaktoren.

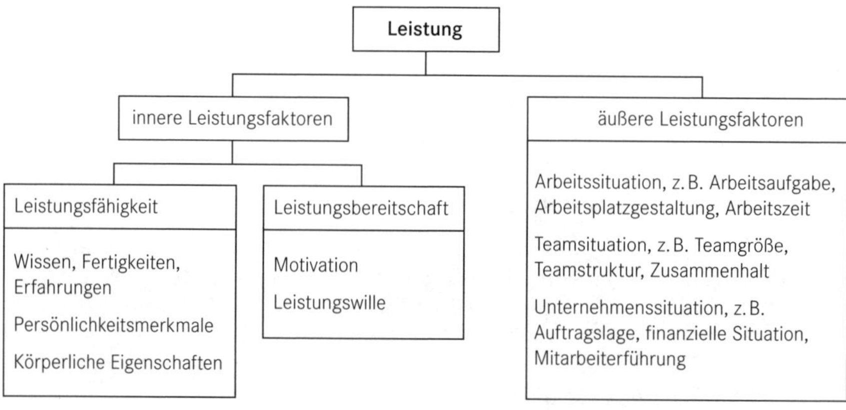

Bestimmungsfaktoren der Leistung

Keine guten Leistungsvoraussetzungen sind z. B. gegeben, wenn

Leistungseinschränkungen

- ein Mitarbeiter Aufgaben ohne Anwendungserfahrung erledigen soll,
- die Persönlichkeitsmerkmale nicht zur Stelle passen und eine sehr schüchterne Mitarbeiterin etwa zur Angebotsnachfrage eingeteilt wird,
- ein Mitarbeiter durch seine Aufgaben gelangweilt und unterfordert ist,
- Mitarbeiter durch ständige Überstunden unmotiviert sind,
- der Arbeitsplatz Mängel aufweist und Mitarbeiter z. B. durch undichte Fenster frieren oder
- im Arbeitsteam laufend Konflikte schwelen.

Aspekte der Personaleinsatzplanung

Im Rahmen der Personaleinsatzplanung werden die Arbeitszeit, der Arbeitsort, die Teameinteilung, die Zuteilung von Maschinen, Werkzeugen und Fahrzeugen sowie der Arbeitsinhalt geregelt.

Bei der **Arbeitszeit** sind Dauer und Lage relevant. Dauer meint die Anzahl an Stunden, die ein Mitarbeiter am Tag oder in der Woche arbeitet. Die Lage gibt an, in welchem Zeitrahmen diese Arbeitsstunden liegen sollen (z. B. 7.00 bis 16.00 Uhr). Die Lage kann sich beispielsweise jahreszeitlich ändern. So fangen manche Betriebe, deren Mitarbeiter vorrangig im Freien arbeiten, in den heißen Sommermonaten zu einem früheren Zeitpunkt an, um die kühleren Morgenstunden zu nutzen.

Der **Arbeitsort** eines Mitarbeiters kann innerhalb, aber auch außerhalb des Unternehmens liegen. Das gilt z. B. für alle Handwerksmitarbeiter, die ihre Arbeitsaufgabe beim Kunden erfüllen. Innerhalb des Unternehmens unterscheidet man noch stationäre Arbeitsplätze (der Mitarbeiter bleibt an einem festen Platz wie z. B. seinem Schreibtisch) von wechselnden Arbeitsplätzen (der Mitarbeiter ist an verschiedenen Arbeitsorten, z. B. an verschiedenen Maschinen, im Betrieb tätig).

Die Arbeit in einem Handwerksbetrieb ist in der Regel arbeitsteilig organisiert. Das bedeutet, dass jeder Mitarbeiter bestimmte Anteile der Gesamtaufgabe übernimmt. Sein konkreter **Arbeitsinhalt** leitet sich aus der Stellenbeschreibung, den Einzelanweisungen durch Vorgesetzte und den konkreten Arbeitsaufträgen an dieser Stelle ab.

Erledigt jeder Mitarbeiter in gleichem Maße alle Teilleistungen für die Gesamtleistung, spricht man von einer **Mengenteilung.** Wird die Gesamtaufgabe in verschiedene Arbeitsvorgänge gegliedert, wird dies als **Artteilung** bezeichnet.

Die Artteilung kann zu einer Produktivitätssteigerung und einer bestmöglichen Maschinenauslastung führen. Hat ein Mitarbeiter aber immer nur die gleichen, eintönigen Handgriffe zu tun, langweilt ihn das unter Umständen. Er kann den Sinn seiner Arbeit eventuell nicht mehr erkennen und seine übrigen Fähigkeiten verkümmern. [60]

Um einer Demotivation vorzubeugen, dem Mitarbeiter einen größeren Verantwortungs- und Tätigkeitsspielraum einzuräumen und einen möglichst flexiblen Einsatz der Mitarbeiter im Betrieb zu gewährleisten, gibt es die Möglichkeiten der Aufgabenerweiterung und der Aufgabenbereicherung.

Zusätzliche Aufgaben auf der gleichen Hierarchieebene

Aufgabenerweiterung heißt, dass der Aufgabeninhalt des Mitarbeiters quantitativ vergrößert wird. Er bekommt zusätzliche Aufgaben, die auf der gleichen Hierarchieebene angesiedelt sind. Aufgabenerweiterung ist möglich als

- **Job Rotation:** die Mitarbeiter wechseln ihre Arbeitsplätze.
  Sie arbeiten z. B. abwechselnd in der Werkstatt und in der Montage beim Kunden.
- **Job Enlargement:** die bisherige Stelle des Mitarbeiters wird um weitere Aufgaben ergänzt.
  Der Mitarbeiter in der Arbeitsvorbereitung erstellt nicht mehr nur die Pläne für ein Projekt, sondern bestellt auch noch das Material dafür.

Aufgeben von einer hierarchisch höheren Stelle

Aufgabenbereicherung bedeutet, dass das Aufgabenfeld des Mitarbeiters qualitativ erweitert wird. Er bekommt Aufgaben dazu, die vorher von einer hierarchisch höheren Stelle ausgeführt wurden. Aufgabenbereicherung gibt es als:

- **Job Enrichment:** der Verantwortungs- und Entscheidungsspielraum des Mitarbeiters wird erweitert.
  Der Mitarbeiter führt eine Leistung z. B. nicht nur aus, sondern berät den Kunden auch, kontrolliert das Leistungsergebnis und führt das Abnahmegespräch.
- **Teilautonome Arbeitsgruppe:** ein Arbeitsteam bekommt eine komplette, in sich abgeschlossene Arbeitsaufgabe und regelt die Aufgabenverteilung und die Arbeitsabläufe selbstständig.

2.3.2 Qualitative Einsatzplanung

Zuordnung der Mitarbeiter

Kernfrage der qualitativen Einsatzplanung ist, welcher Mitarbeiter aufgrund seiner Fähigkeiten welcher Stelle bzw. welchem Arbeitsplatz zugewiesen wird. Dabei wird eine möglichst weitgehende Deckung von Anforderungsprofil der Stelle und Fähigkeitsprofil des Mitarbeiters angestrebt. Den Grad der Übereinstimmung zeigt das Eignungsprofil (siehe auch Abschnitt 2.2.4.2)

Erhält der Mitarbeiter eine Stelle, die ihn unterfordert, wirkt sich dies unter Umständen negativ auf seine Motivation und Zufriedenheit aus. Zudem wird sein Leistungspotenzial nicht ausreichend im Betrieb genutzt.

Ein Mitarbeiter aus dem Malerteam von Jonas Beck (obiges Beispiel), der besonderes Talent für hochwertige Techniken und anspruchsvolle Innenarbeiten hat, wird auf Dauer negativ reagieren, wenn er über Wochen nur Fenster auf Großbaustellen schleift.

Ist der Mitarbeiter mit seiner Stelle dauerhaft überfordert, kann dies Leistungsdefizite und Fehler nach sich ziehen. Außerdem wächst das Stressempfinden und die Gefahr psychischer und physischer Krankheiten.

Anforderungs- und Fähigkeitsdateien

Voraussetzung für die qualitative Einsatzplanung sind der Aufbau und die Pflege vergleichbarer Anforderungs- und Fähigkeitsprofile. Sie werden in sogenannten Anforderungs- und Fähigkeitskarteien bzw. -dateien festgehalten.

Ergänzend werden bei der qualitativen Einsatzplanung selbstverständlich auch die Bedürfnisse des Mitarbeiters berücksichtigt, die in den Mitarbeitergesprächen erfragt und erfasst werden.

2.3.3 Quantitative Einsatzplanung

Festlegung von Arbeitszeit und Arbeitsart

Im Rahmen der quantitativen Einsatzplanung wird geklärt, welcher Mitarbeiter wann wo arbeitet. Das Ergebnis sind Stellenbesetzungspläne, Schichtpläne oder Einsatzpläne, die pro Tag, Woche oder Monat ausgewiesen werden können.

Ziel ist es, das Personal so einzuteilen, dass ohne vermeidbare Überschüsse und Fehlzeiten die Betriebsbereitschaft gesichert ist, genügend Mitarbeiter während der Öffnungszeiten anwesend sind und die anfallenden Aufträge erledigt werden können.

Gerade im Handwerk ist diese Aufgabe eine Herausforderung. Die Auftragslage ist in vielen Betrieben schwankend und oft nicht langfristig vorhersagbar. Außerdem sind z. B. die Betriebe der Bau- und Ausbaugewerke in ihrer Planung von Wetterbedingungen und Terminverzögerungen der Vorgängergewerke betroffen. Betriebe mit Ladengeschäft haben meist durch abwechselnde Stoßzeiten und Flautephasen über den Tag einen unregelmäßigen Arbeitsanfall zu bewältigen.

Rahmenbedingungen der quantitativen Personaleinsatzplanung

Bei der quantitativen Personaleinsatzplanung sind zahlreiche Aspekte zu berücksichtigen, wie etwa

- Tarif- und einzelvertragliche Arbeitszeitregelungen
- Pausen
- Betriebs- und Öffnungszeiten
- Maschinenlaufzeiten
- Kalendarische Einschränkungen wie Sonn- und Feiertage
- Ausfälle durch Urlaub und Krankheit
- Ausstattung mit Maschinen und Werkzeugen
- Anzahl der verfügbaren Arbeitsplätze (z. B. Schreibtische oder Computer)

- Anzahl der verfügbaren Fahrzeuge
- Kundenfrequenz.

Doch auch soziale Komponenten spielen für den Personaleinsatz eine Rolle. Bestimmte Mitarbeiter ergänzen sich zu einem leistungsfähigen Arbeitsteam, andere Konstellationen behindern sich eher gegenseitig.

2.3.4 Die Arbeitsaufnahme

Handlungssituation (Fallbeispiel)

Jonas Beck, der Malermeister aus obigem Beispiel, hat mit seinem Chef gesprochen. Mit den bisherigen Mitarbeitern kann er die Aufträge der kommenden Wochen nicht bewältigen. Der Chef hat daraufhin zwei zusätzliche Mitarbeiter eingestellt. Beide fangen am kommenden Montag an und Jonas Beck hat sie für die Woche auch schon eingeplant.

Situationsbezogene Fragen

- Welche Vorbereitungen sollten Jonas Beck und sein Chef für den Arbeitsbeginn der neuen Mitarbeiter treffen?
- Welche Informationen benötigen die „Neuen", um sich möglichst schnell im Betrieb zurechtzufinden?

Der erste Tag im Betrieb

Der Personaleinsatz eines Mitarbeiters beginnt an dem Tag, an dem er seine Arbeit im Betrieb aufnimmt. Viele Mitarbeiter können sich gut an ihren ersten Tag in einem Unternehmen erinnern. Mit Spannung werden das Betriebsgebäude, der Arbeitsplatz und die neuen Kollegen in Augenschein genommen. Der erste Eindruck ist prägend und hat großen Einfluss auf die Motivation und die Identifikation der Mitarbeiter mit dem neuen Arbeitgeber. Doch nicht nur für den Mitarbeiter ist eine gute Einführung und Einarbeitung wichtig: sie sorgen auch für eine schnelle, reibungslose Aufgabenübernahme und helfen, im Betrieb Zeit und Kosten zu sparen.

Um die Arbeitsaufnahme positiv zu gestalten, gibt es vor Arbeitsantritt neuer Mitarbeiter im Betrieb einige **Vorbereitungen** zu treffen, wie z. B.

- Führungskräfte und Mitarbeiter informieren, um Misstrauen zu vermeiden,
- Stellenbeschreibung festlegen,
- Arbeitsplatz vorbereiten,
- Arbeitsmittel (wie Werkzeuge, Telefonanschluss oder Computer) beschaffen,
- Arbeitsbekleidung besorgen,
- Einarbeitung regeln,
- Ansprechpartner für Fragen bestimmen.

Es ist für einen neuen Mitarbeiter denkbar unangenehm, wenn er an seinem ersten Arbeitstag an seinem Arbeitsplatz erst einmal die Überbleibsel seines Vorgängers wegräumen muss. Oder er den Eindruck gewinnt, dass niemand über sein Kommen informiert war.

Ansprech-partner für neue Mitar-beiter

Als Ansprechpartner für den Mitarbeiter kann neben dem Vorgesetzten auch ein **Betriebspate** bestimmt werden. Der Pate ist in der Regel ein Mitarbeiter auf der gleichen Hierarchieebene, der den neuen Mitarbeiter in den Kollegenkreis einführt, ihm ablauftechnische Fragen beantwortet und ihm hilft, sich zu orientieren (z. B. sanitäre Anlagen, Aufenthaltsraum, Fahrzeuge, Schlüssel).

Auch die Betriebsinhaberin oder der Betriebsinhaber haben einen wichtigen Part bei der **Einführung** des Mitarbeiters. Sie begrüßen und informieren ihn z. B. über die

- Entwicklung und das Leistungsspektrum des Betriebs,
- Betriebsstruktur,
- Einordnung seiner Stelle in dieser Struktur,
- Führungskräfte,
- Unternehmensziele und die Unternehmenskultur,
- Kundenstruktur.

Hilfreich ist zudem eine Begrüßungsmappe (z. B. mit Firmenbroschüre, einer schriftlichen Übersicht über das Leistungsspektrum des Betriebs, der Unternehmensphilosophie und den wichtigsten Betriebsregeln).

Einarbeitung der Mitarbei-ter

Die **Einarbeitung** hat zum Ziel, den Mitarbeiter möglichst schnell in den Arbeitsprozess einzugliedern. Dazu muss er wissen,

- welche Aufgaben er
- auf welche Art und Weise
- mit welchem Ergebnis
- mit welchen Partnern
- wo auszuführen hat und
- wie die erforderlichen Werkzeuge und Maschinen zu bedienen sind.

Meist reicht einem Mitarbeiter bereits die Informationsweitergabe zur Einarbeitung. Hat er jedoch noch keine Anwendungserfahrung in den neuen Aufgaben oder kennt sich mit den Maschinen nicht aus, kann auch ein Einarbeitungstraining notwendig sein.

„Negativ-Strategien“ der Einarbeitung

Nicht immer verläuft die Einarbeitung in der Praxis jedoch wirklich zielführend. So sind auch einige **„Negativ-Strategien“** bekannt [61], wie etwa die

- **Schonungsstrategie**
  Der neue Mitarbeiter bekommt absichtlich oder unabsichtlich viel zu einfache Aufgaben und zu viele Hilfestellungen, was demotivierend wirken kann.

  Hat ein Mitarbeiter z. B. seine Stelle gewechselt, weil er nach einer neuen Herausforderung gesucht hat, wird ihn diese Unterforderung gleich von seinem neuen Arbeitsplatz enttäuschen.

- **Überstrapazierungsstrategie**
  Der neue Mitarbeiter wird gezielt überfordert oder man lässt ihn bewusst auflaufen, um gerade Berufseinsteigern oder Aufsteigern zu zeigen, dass sie mit den „alten erfahrenen Hasen“ nicht mithalten können.

- **Wasser-Wurf-Strategie**
  Der neue Mitarbeiter wird einfach sich selbst überlassen und soll sich alleine zurechtfinden.

  Diese Strategie findet z. B. dann Anwendung, wenn der Mitarbeiter eingestellt wurde, weil der Betrieb zu viele Aufträge hatte, und darum auch kein Mitarbeiter Zeit hat, sich um den Kollegen zu kümmern. Das hat zur Folge, dass der Neue nach eigenem Gutdünken arbeitet und sich dadurch Fehler und Ablaufprobleme ergeben können.

Feedback

Wichtig für den Erfolg einer Einarbeitung ist ein regelmäßiges und ehrliches Feedback. Ein neuer Mitarbeiter kann nur dann seinen Aufgaben erfolgreich und im Sinne des Betriebs nachkommen, wenn er konstruktiv auf Fehler und Änderungswünsche hingewiesen wird. Kommt ein neuer Mitarbeiter mit seiner Aufgabe oder den betrieblichen Gegebenheiten überhaupt nicht zurecht, gibt es während einer Probezeit in der Regel die Möglichkeit, sich rechtzeitig von ihm zu trennen. Wird der Mitarbeiter sich selbst überlassen und werden die Probleme darum nicht gleich bemerkt, ist es für eine einfache Trennung oft schon zu spät.

Kompetenzüberprüfung

Kompetenzüberprüfung zu Lernsituation 2

Zu Beginn dieser Lernsituation haben Sie Schreinermeister Uwe Müller kennengelernt. Bitte nutzen Sie Ihre Personalplanungskompetenz, um folgende Fragen zu seiner Betriebssituation zu beantworten:

- Was versteht man unter dem Personalbedarf eines Betriebs?
- Wie kann Uwe Müller den quantitativen Personalbedarf in seiner Werkstatt ermitteln?
- Was könnte er zur Behebung einer Personalunterdeckung tun?
- Wie kann er die Eignung von Sebastian Berg als Privatkundenmonteur feststellen?
- Wie kann er Stellenbeschreibungen für seinen Betrieb entwickeln?
- Falls Uwe Müller als Ersatz für Peter Seidel doch einen Mitarbeiter von außerhalb einstellt – wie sollte die Einarbeitung dieses Mitarbeiters aussehen?

3. Personalmarketingkonzept planen, umsetzen und überprüfen, Mitarbeiter und Mitarbeiterinnen gewinnen und auswählen

Lernziele und Kompetenzen

Wer sich als attraktiver Arbeitgeber im Markt positioniert, zieht Fachkräfte an und kann sie im Betrieb halten. Geprüfte Betriebswirte/innen nach der HwO entwerfen und realisieren dafür in Abstimmung mit ihrer Unternehmensstrategie das passende Personalmarketingkonzept.

Die Lehr- und Lerninhalte dieses Kapitels sind so gestaltet, dass Sie die Kompetenz erwerben,

- ein Personalmarketingkonzept zu entwickeln,
- eine Arbeitgebermarke aufzubauen,
- unterschiedliche Instrumente der Personalbeschaffung anzuwenden und
- geeignete Mitarbeiter auszuwählen.

Handlungssituation (Fallbeispiel)

Fallbeispiel 1

Gemeinsam mit seiner Frau führt Werner Schäfer ein mittelständisches Bauunternehmen. Er hat den Betrieb von seinem Vater übernommen und freut sich, dass auch sein eigener Sohn Ambitionen zeigt, in das Unternehmen einzusteigen.

Wenig erfreut ist er allerdings über die aktuelle Personalsituation seines Betriebs. Einer seiner Bauleiter hat gekündigt und wechselt ausgerechnet zum größten Wettbewerber. Werner Schäfer wird den Verdacht nicht los, dass man ihm den Mann abgeworben hat. Er hatte in letzter Zeit schon mehrfach Klagen über das aggressive Wettbewerbsverhalten dieses Unternehmens gehört.

Doch allem Ärger zum Trotz muss er schnellstmöglich dafür sorgen, die Stelle wieder zu besetzen. Die Auftragsbücher sind voll und er braucht jeden Mann. Gemeinsam mit seiner Frau hat er beschlossen, eine Stellenanzeige aufzugeben. Er ist sich nur noch nicht sicher, wie sie aussehen wird und wie groß sie sein soll. Immerhin erinnert er sich noch an die stattlichen Preise jedes Millimeters bei der letzten Anzeigenschaltung.

Sein Sohn hält eine Stellenanzeige für altmodisch. Er hat vorgeschlagen, das Internet und die sozialen Medien zu nutzen. Werner Schäfer hat sich bisher aber wenig mit den Möglichkeiten dieser Medien beschäftigt und weiß nicht, ob sie für einen Handwerksbetrieb geeignet sind.

Er ist überhaupt skeptisch, ob sich viele Bewerber melden werden. In den letzten Jahren hat er immer mal wieder Initiativbewerbungen erhalten. Doch das hat ganz aufgehört. Auch die Zahl der Bewerber für eine Ausbildung im Betrieb ist stark zurückgegangen. Manchmal fragt er sich schon, ob sein Betrieb nicht mehr attraktiv für neue Mitarbeiter ist.

Situationsbezogene Fragen

- Welche Gründe könnte es dafür geben, dass ein Betrieb wenige Bewerbungen bekommt?
- Was macht einen attraktiven Arbeitgeber aus?
- Welche Maßnahmen würden Sie Werner Schäfer empfehlen, um einen neuen Bauleiter zu finden?

3.1 Personalmarketing

3.1.1 Begriff und Hintergründe

Engpassfaktor Personal

Geeignete Mitarbeiter zu finden und auf Dauer zu halten, ist für viele Handwerksbetriebe zu einer Herausforderung geworden. Technologische Veränderungen, ein intensiver Wettbewerb und die gestiegenen Ansprüche mancher Zielgruppen sorgen einerseits für immer höhere Anforderungen an das Handwerkspersonal. Andererseits stehen dem Handwerk aber beispielsweise durch den demographischen Wandel immer weniger Menschen als mögliche Arbeitskräfte zur Verfügung. Der Produktionsfaktor Personal wird in vielen Gewerken immer mehr zum Engpassfaktor.

Der Mangel an Arbeitskräften und der damit verbundene Wettbewerb unter den Arbeitgebern aller Branchen und Gewerke um geeignete Mitarbeiter haben dazu geführt, dass das Konzept und die Instrumente des Marketings auch auf den Bereich Personal übertragen wurden. Das Personalmarketing ist zu einem wichtigen Bestandteil des Beschaffungsmarketings geworden.

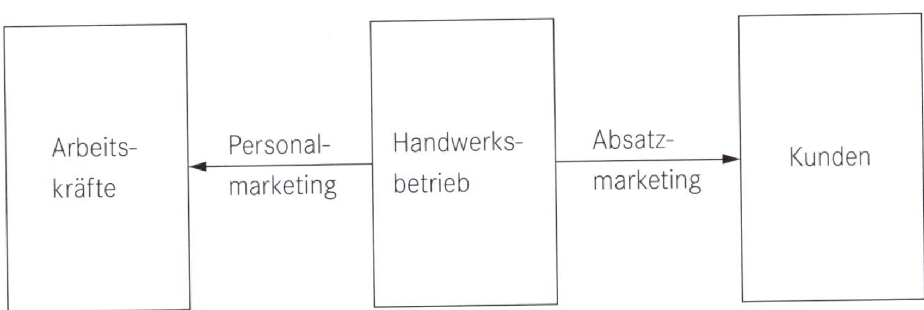

Personal- und Absatzmarketing

Es geht für Handwerksbetriebe im Marketing mittlerweile nicht mehr nur darum, die passenden Kundengruppen anzusprechen und ihre Leistung zu vertreiben, sondern auch die passenden Mitarbeiter anzusprechen, um sie als Arbeitskräfte zur Erstellung genau dieser Leistung zu gewinnen und zu halten.

Definition

Enge Definitionen beschränken das Personalmarketing auf den Bereich Personalbeschaffung. Sie betrachten ausschließlich die Aktivitäten, die mit der Einstellung von Mitarbeitern aus dem externen Arbeitsmarkt verbunden sind.

Weiter gefasste Definitionen schließen dagegen die gesamte Personalpolitik mit ein. Sie verstehen unter **Personalmarketing** ein umfassendes Denk- und Handlungskonzept, das an den Bedürfnissen der aktuellen und künftigen Mitarbeiter orientiert ist und zum Ziel hat, die bestehenden Mitarbeiter im Betrieb zu halten und neue Mitarbeiter zu gewinnen. [62]

Bewerber- und mitarbeiterorientiertes Denken und Handeln

Man kann es kurz und knapp auch als bewerber- und mitarbeiterorientiertes Denken und Handeln im Betrieb beschreiben. [63]

Personalmarketing lässt sich in ein externes und ein internes Personalmarketing untergliedern.

Externes Personalmarketing

Das **externe Personalmarketing** beschäftigt sich mit den unternehmensexternen Zielgruppen. Es zielt darauf ab, einen Betrieb bekannt zu machen und so attraktiv erscheinen zu lassen, dass sich geeignete Arbeitskräfte bei Personalbedarf bewerben. Die Leitfrage des externen Personalmarketings lautet: Wo und wie lässt sich Personal am besten gewinnen? [64]

Zu den Instrumenten des externen Personalmarketings gehören z. B.

- Website des Betriebs
- Pressearbeit
- Tage der offenen Tür
- Messen
- Praktika für Schüler und Studenten
- Kontakt zu Schulen
- Imageanzeigen
- Öffentliches Engagement des Betriebs
- Social Media (wie z. B. Facebook, Instagram, Xing oder LinkedIn)

Internes Personalmarketing

Das **interne Personalmarketing** richtet sich an die betriebsinternen Zielgruppen. Deren Identifikation mit dem Betrieb soll erhöht, ihre Zufriedenheit gesteigert und damit eine unerwünschte Fluktuation verhindert werden. Die Leitfrage hier lautet: Wie können die Mitarbeiter im Betrieb gehalten und gefördert werden? [65]

Zu den Maßnahmen des internen Personalmarketings zählen unter anderem

- Führungsstil
- Leitbild
- Entgeltregelungen
- Arbeitszeitgestaltung
- Weiterbildungs- und Karrieremöglichkeiten
- Anreize wie Firmenfahrzeug oder Boni
- Mitarbeiterveranstaltungen
- Anreize wie Firmenfahrzeug, Handy, Tablet oder Boni
- Betriebsbekleidung
- Versicherungsleistungen und betriebliche Altersvorsorge
- Gesundheitsmanagement
- Kinderbetreuung oder Kindergartenzuschuss

Beide Bereiche des Personalmarketings müssen aufeinander abgestimmt sein. Ein Betrieb kann nach außen nichts versprechen, was intern nicht gehalten wird. Nur was täglich im Betrieb vorgelebt wird, lässt sich glaubhaft nach außen vermitteln.

Personalmarketing hat zudem einen strategischen und einen taktischen Aspekt.

Strategisches und taktisches Personalmarketing

Die Aufgabe des **strategischen Personalmarketings** besteht darin, den künftigen Personalbedarf des Betriebs genau zu analysieren und daraus die passende Strategie abzuleiten, mit der sich dieser Bedarf, wenn er akut wird, intern oder extern decken lässt.

Die Aufgabe des **taktischen Personalmarketings** ist es, die Personalmarketinginstrumente entsprechend der strategischen Vorgaben zu planen und umzusetzen.

Analog zum Absatzmarketing kann man von der Planung und Umsetzung des Personalmarketing-Mix sprechen.

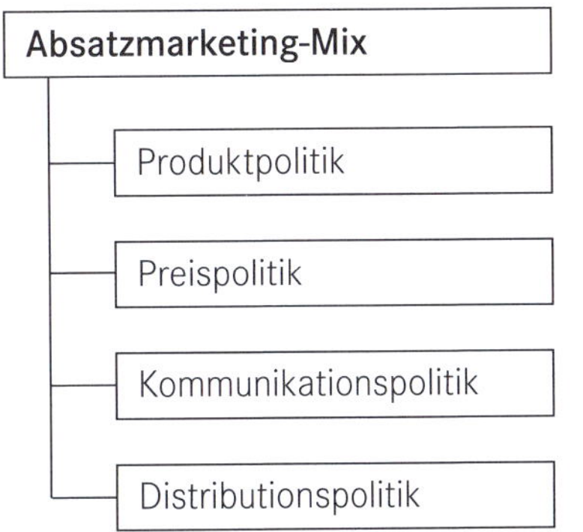

Marketing-Mix

Instrumente des Personal-marketing-MIx

Instrumente des **Personalmarketing-Mix** sind [66] die

- **Leistungspolitik,** die Aspekte wie beispielsweise den Arbeitsinhalt, die Arbeitsplatzgestaltung, das Weiterbildungsangebot und die Unternehmenskultur beinhaltet;
- **Entgeltpolitik,** die die Gehaltshöhe und -struktur, sowie die gesetzlichen, tariflichen und freiwilligen Sozial- und Nebenleistungen regelt;
- **Kommunikationspolitik,** die sich z. B. mit den Inhalten der Aussagen an die jeweiligen Zielgruppen beschäftigt;
- **Akquisitionspolitik,** die die Personalsuchwege bzw. Akquisitionskanäle bestimmt.

3.1.2 Das Personalmarketingkonzept

Damit sie ihre beabsichtige Wirkung erzielen können, werden die Instrumente des Personalmarketings nicht unabhängig voneinander betrachtet und eingesetzt, sondern in einem Personalmarketingkonzept aufeinander abgestimmt. Dieses orientiert sich selbstverständlich an der übergeordneten Unternehmenspolitik und Unternehmensstrategie, um Zielkonflikte im Unternehmen zu vermeiden.

Aufbau des Personalmarketingkonzepts

Der Aufbau des Personalmarketingkonzepts erfolgt in mehreren Schritten.

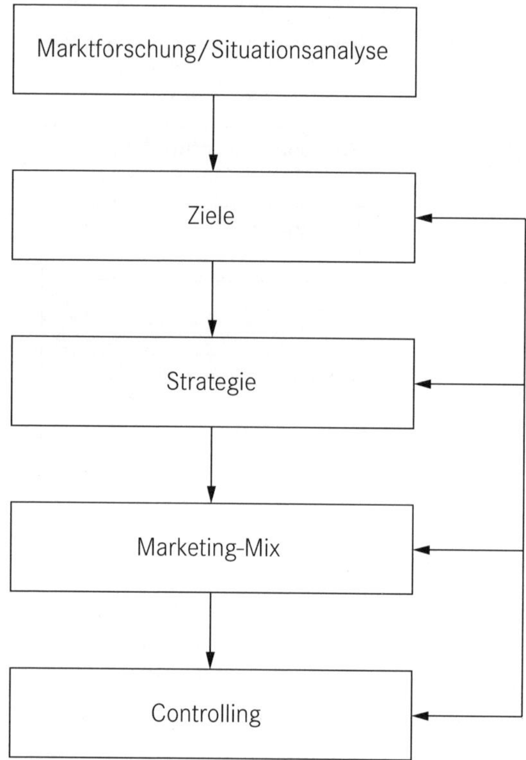

Personalmarketingkonzept

- **Marktforschung/Situationsanalyse**
  Ausgangspunkt der Konzepterstellung ist die Klärung der aktuellen Unternehmenssituation. Dazu dienen Fragestellungen wie etwa:

Aktuelle Unternehmenssituation

  - Welchen quantitativen und qualitativen Personalbedarf gibt es im Unternehmen?
  - Welche Anforderungsprofile gibt es zukünftig im Unternehmen?
  - Nach welchen Arbeitskräften wird gesucht?
  - Wo sind diese Arbeitskräfte zu finden?
  - Wie stellt sich der Arbeitsmarkt im Moment dar?
  - Mit welchen Entwicklungen ist auf dem Arbeitsmarkt zu rechnen?
  - Welche Bedürfnisse und Wertvorstellungen haben die gesuchten Bewerber?
  - Was macht für diese Bewerber aktuell einen attraktiven Arbeitgeber aus?
  - Nach welchen Informationen suchen sie?
  - Welche Kommunikationskanäle nutzen sie?
  - Welches Image hat das Unternehmen intern und extern?
  - Welchen Bekanntheitsgrad hat das Unternehmen?

- Welche Instrumente werden bisher im internen und externen Personalmarketing genutzt?
- Wie hoch ist die Fluktuationsrate im Unternehmen?
- Wie viele Initiativbewerbungen erhält das Unternehmen?
- Wie viele geeignete Bewerber gibt es auf konkrete Stellenangebote?

Antworthinweise auf diese Fragen erhält man beispielsweise

Informationsquellen

- aus der Personalplanung
- durch die Befragung der eigenen Mitarbeiter und Führungskräfte
- durch die Befragung von Bewerbern
- durch die Befragung von Kunden und Zulieferern
- aus Fachzeitschriften
- über eine Internetrecherche
- aus Arbeitsmarktstatistiken
- aus der eigenen Personalstatistik
- durch den Austausch mit Kollegen
- von Kammern und Verbänden
- durch den Kontakt mit Ausbildungseinrichtungen
- über Social Media

- **Ziele**
  Im zweiten Schritt werden die Zielgruppen, die Zielregionen für den Einsatz der Instrumente (z. B. intern, extern, regional, bundesweit, international) und die gewünschten Ergebnisse (beispielsweise besseres Arbeitgeberimage, höherer Bekanntheitsgrad, mehr geeignete Bewerber, geringere Fluktuationsrate, besseres Betriebsklima) bestimmt. Je genauer ein Ergebnis beschrieben wird, umso besser lässt sich der Erfolg kontrollieren. Optimal ist, wenn ein Ziel mit einer Kennzahl hinterlegt werden kann.

- **Strategie**
  Ausgehend von den Zielsetzungen werden für jede relevante Zielgruppe auf den entsprechenden Zielmärkten passende Strategien entwickelt.

Zielgruppenorientierung

- **Marketing-Mix**
  Die Strategien werden anschließend mit Hilfe der Instrumente des Marketing-Mix umgesetzt. Jede Maßnahme wird dabei exakt auf die Anforderungen der jeweiligen Zielgruppe angepasst.

- **Controlling**
  Den Abschluss bildet das Controlling: das Personalmarketingkonzept und die daraus abgeleiteten Maßnahmen werden regelmäßig darauf überprüft, ob sie zu den angestrebten Ergebnissen führen und ob der Zielerreichungsgrad den

Einsatz an Zeit und finanziellen Mitteln rechtfertigt. Die Ergebnisse des Controllings können eine Anpassung oder Änderung der Elemente des Personalkonzepts nach sich ziehen.

Kennzahlen

Die im Controlling verwendeten Kennzahlen sind abhängig von der jeweiligen Zielsetzung. Beispiele für Kennzahlen im Personalmarketingcontrolling sind:

- Anzahl an Bewerbungen
- Qualität der Bewerbungen
- Bewerberzusagen
- Anzahl an Praktikanten
- Zugriffe auf die Website
- Anzahl der persönlichen Kontakte mit Arbeitskräften bei Messen und Veranstaltungen
- Mitarbeiterzufriedenheit
- Fluktuationsrate
- Anzahl an Presseveröffentlichungen
- Anzahl der Likes bei Facebook
- Anzahl der Weiterempfehlungen in den Social Media.

Fallbeispiel 2

Handlungssituation (Fallbeispiel)

Im Autolackierbetrieb Faber gibt es schon lange keine Auszubildenden mehr. Das möchte der Inhaber Markus Faber gerne ändern. Die Betreuung eines Auszubildenden war ihm in den letzten Jahren zu aufwändig und zeitintensiv erschienen. Seitdem er jedoch gemerkt hat, dass er auf dem Arbeitsmarkt keine Mitarbeiter findet, die seinen Ansprüchen genügen, hat er seine Meinung geändert. Er würde mittelfristig gerne zwei junge Leute einstellen und will diese Personalmarketingaufgabe konzeptionell angehen.

Situationsbezogene Frage

- Wie könnte die Marktforschung bzw. Situationsanalyse bei Markus Faber aussehen?

3.1.3 Employer Branding – die Arbeitgebermarke

Fallbeispiel 3

Handlungssituation (Fallbeispiel)

Der Sanitärbetrieb Berg ist schon seit Jahren die Nummer 1 in der Region, wenn es um die Gestaltung von Komplettbädern geht. Deshalb hat Sebastian Berg schon immer auf gutes Personal geachtet. Doch seit einiger Zeit bemerkt er, dass es immer weniger geeignete Mitarbeiter auf dem Arbeitsmarkt zu geben scheint. Außerdem schläft auch der Wettbewerb nicht: er sieht immer wieder Stellenzeigen seiner Kollegen in der regionalen Zeitung. Sebastian Berg fragt sich, wie er sich in Zukunft noch stärker von den Wettbewerbsbetrieben absetzen und die guten Arbeitskräfte auf dem Arbeitsmarkt für seinen Betrieb rekrutieren kann. Er ist überzeugt davon, dass z. B. sein Weiterbildungsangebot für Mitarbeiter im ganzen Umfeld einzigartig ist.

Situationsbezogene Fragen

- Mit welchen Mitteln kann Sebastian Berg seine Position im Arbeitsmarkt verbessern?
- Wie kann er seine Vorzüge nach außen vermitteln?

Alleinstellungsmerkmal

Ziel des Marketings sowohl im Absatz- als auch im Arbeitsmarkt ist die Schaffung eines erkennbaren Alleinstellungsmerkmals. Im Absatzmarketing wird dieses als USP (Unique Selling Proposition), im Personalmarketing als UEP (Unique Employer Proposition) bezeichnet. Im Absatzmarkt soll durch die Herausstellung eines einzigartigen Nutzens das eigene Leistungsangebot von den Wettbewerbsangeboten abgehoben und die Kunden zu einem Kauf angeregt werden. Im Arbeitsmarkt geht es darum, durch Herausstellung der einzigartigen Nutzenaspekte des Betriebs das eigene Arbeitsplatzangebot von den Angeboten der Wettbewerbsbetriebe abzuheben und Arbeitskräfte zu einer Mitarbeit anzuregen.

Bei Betrieben, denen es gelingt, sich so attraktiv und eindeutig im Markt zu positionieren, spricht man auch von einer **Arbeitgebermarke (Employer Brand)**.

Markenbildung

Den Prozess der Markenbildung bezeichnet man als **Employer Branding**.

Employer Branding umfasst

- die Erschaffung,
- Etablierung und
- kontinuierliche Vermarktung einer unternehmensspezifischen Arbeitgebermarke. [67]

Definition

Die Deutsche Employer Branding Akademie definiert Employer Branding ganz umfassend als „die identitätsbasierte, intern wie extern wirksame Entwicklung und Positionierung eines Unternehmens als glaubwürdiger und attraktiver Arbeitgeber. Kern des Employer Brandings ist immer eine die Unternehmensmarke spezifizierende oder adaptierende Arbeitgebermarkenstrategie. Entwicklung, Umsetzung und Messung dieser Strategie zielen unmittelbar auf die nachhaltige Optimierung von Mitarbeitergewinnung, Mitarbeiterbindung, Leistungsbereitschaft und Unternehmenskultur sowie die Verbesserung des Unternehmensimages." [68]

Kernwerte des Unternehmens

Die Arbeitgebermarke fokussiert das Personalmarketing und kommuniziert die Kernwerte eines Unternehmens. Zu diesem Zweck können auch ein Slogan oder Bilder verwendet werden, die die gewünschten Emotionen bei der Zielgruppe wecken. Durch die gleichbleibende Vermittlung der Kernbotschaften wird die beabsichtigte Wahrnehmung des Unternehmens im Markt verankert.

Zu beachten ist, dass die Arbeitgebermarke keine „zweite Marke" im Unternehmen darstellen darf. Sie muss im Einklang mit der Unternehmenskultur und allen weiteren Marken- und CI-Aspekten des Unternehmens stehen.

Viele Arbeitgeber sind sich der Vorteile und der Notwendigkeit, sich mit einer deutlichen Arbeitgebermarke zu positionieren, bewusst. 90 % der befragten Mittelständler gaben in einer Umfrage z. B. an, dass Employer Branding im Wettbewerb um die Fachkräfte in Zukunft erfolgsentscheidend sein wird. [69]

Mitarbeiterbindung

Doch Vorteile hat eine Arbeitgebermarke nicht nur für die Personalbeschaffung. Sie kann auch die Bindung der bestehenden Mitarbeiter an ihr Unternehmen erhöhen. Vor allem, wenn das Employer Branding dazu genutzt wird, die Qualität als Arbeitgeber weiterzuentwickeln. Eine starke Arbeitgebermarke gibt Orientierung und macht Mitarbeiter stolz. Damit werden sie wiederum zu starken Markenbotschaftern.

Stärken-Schwächen-Analyse

Ausgangspunkt des Employer Brandings ist eine Stärken-Schwächen-Analyse des Betriebs. Zu klären sind Fragen wie:

- Warum sind wir gut?
- Was unterscheidet uns vom Wettbewerb?
- Für welche Werte stehen wir?
- Was zeichnet unseren Betrieb besonders aus?

Die Vorzüge eines Betriebs können z. B. in der Betriebsausstattung mit innovativer Technik liegen, den ausgezeichneten Weiterbildungsmöglichkeiten wie im Sanitärbetrieb Berg (siehe Beispiel oben), in außergewöhnlichen Projekten, in der Bandbreite der Leistungen, der Reputation eines Betriebs als Marktführer, in Kinderbetreuungsmöglichkeiten oder im besonderen Betriebsklima.

Familiensinn und Gemeinschaft sind gerade im Handwerk für viele Mitarbeiter wichtige Werte. Sie suchen Einbindung in ein Team, das fast wie eine Familie für sie ist. [70]

Entscheidend für die Markenbildung ist, sich wirklich auf das Wesentliche zu konzentrieren. Es geht nicht darum, dass möglichst viele Menschen die Arbeitgebermarke gut finden – Ziel ist, dass sie die richtigen Leute anspricht. [71]

Werden die eigenen Vorzüge im Anschluss mit den Erwartungen von Mitarbeitern und Bewerbern sowie den Eigenschaften der Wettbewerber abgeglichen, ergeben sich die Eckpfeiler der Employer Brand: [72]

Eckpfeiler der Employer Brand

- Wer sind wir? (das Wesen des Betriebs als Arbeitgeber)
- Wie sind wir? (Eigenschaften und Gefühle, die mit dem Betrieb als Arbeitgeber verbunden werden sollen)
- Was bieten wir? (unser Nutzenversprechen an Mitarbeiter)
- Wie treten wir auf? (die Wirkung, die vom Betrieb als Arbeitgeber ausgehen soll)

Letzter Schritt des Employer Brandings ist, die Arbeitgebermarke an alle relevanten Zielgruppen zu vermitteln und sie zu vermarkten. Dazu genutzt werden können z. B. Instrumente wie

Instrumente der Vermittlung

- Website des Betriebs
- Imagebroschüren
- Pressearbeit
- Stellenanzeigen in Printmedien
- Online-Stellenanzeigen
- Social Media
- Betriebsversammlungen
- Mitarbeitergespräche

3.1.4 Entwicklungen des Personalmarketings

Das Personalmarketing im Handwerk entwickelt sich stetig weiter. Das liegt insbesondere an

- der Ausweitung der Zielgruppen,
- einer Änderung von Eigenschaften und Wertvorstellungen der Zielgruppen
- und einer Weiterentwicklung der technischen Möglichkeiten, die im Marketing-Mix genutzt werden können.

Im Zeichen eines globalisierten Marktes und aufgrund der Fachkräfteknappheit wird es auch für Handwerksbetriebe z. B. interessant, Mitarbeiter aus dem Ausland zu rekrutieren. Damit bekommt das Personalmarketing zunehmend einen internationalen Aspekt.

Internationales Personalmarketing

Betriebe, die Personal im Ausland beschaffen wollen, müssen sich mit der Sprache und Kultur der Zielregion beschäftigen, um die Maßnahmen des Personalmarketings angemessen gestalten zu können. Ansprechpartner und Kontaktvermittler im Ausland müssen gesucht, die passenden Medien und Kanäle für die Rekrutierungsmaßnahmen gefunden und Möglichkeiten der Personalauswahl geschaffen werden.

Digitale Medien

Einen starken Einfluss auf das Personalmarketing haben auch die digitalen Medien. Sie haben zum einen die Möglichkeiten der Personalbeschaffung deutlich erweitert. Betriebe können sich z. B. auf ihrer Website präsentieren, Stellen in Jobbörsen bewerben, die sozialen Medien zur Imagebildung nutzen oder Online-Bewerbungen einfordern. Zudem können alle Maßnahmen des Personalmarketings untereinander vernetzt werden, was ihre Verbreitung erhöht.

Die digitalen Medien haben jedoch auch das Informations- und Nutzungsverhalten vieler Zielgruppen verändert. Neue Möglichkeiten führen auch zu neuen Ansprüchen. So erwarten die „Digital Natives“ (junge Menschen, die mit den digitalen Medien aufgewachsen sind), dass ein innovativer Betrieb die neuen Medien zur Personalbeschaffung auch tatsächlich einsetzt.

Besser als Hochglanzbroschüren und Zeitungsanzeigen kommen bei dieser Zielgruppe beispielsweise Podcasts oder kleine, einfach produzierte Videos über den Betrieb oder die Stelle an, die auf der Website oder auf YouTube präsentiert werden. [73]

Werteveränderungen

Und letztlich schlagen sich auch Werteveränderungen im Personalmarketing nieder. So spielt etwa die Individualisierung im Betrieb eine wichtige Rolle. Flexiblere Anreizsysteme, flexiblere Arbeitszeiten und flexiblere Arbeitsorte sind gefragt. [74] Gerade jüngere Arbeitskräfte erwarten von einem Arbeitgeber eine gute Work-Life-Balance, das heißt eine Vereinbarkeit ihres Arbeits- mit ihrem Privatleben. Diese und weitere Wertaspekte gilt es als Betrieb aufmerksam zu verfolgen und ihnen im Personalmarketingkonzept Rechnung zu tragen.

3.2 Wege der Personalbeschaffung

Einen quantitativen oder qualitativen Personalbedarf zu decken und freie Stellen geeignet zu besetzen, ist die Aufgabe der Personalbeschaffung. Die Personalbeschaffung eines Betriebs kann auf einem internen oder einem externen Beschaffungsweg erfolgen. Intern bedeutet, dass die erforderliche Arbeitskraft innerhalb des Betriebs gesucht wird. Extern meint, dass der zukünftige Mitarbeiter von außerhalb kommt.

Grundlage für alle Beschaffungswege sind die Stellenbeschreibung und das Anforderungsprofil der zu besetzenden Stelle.

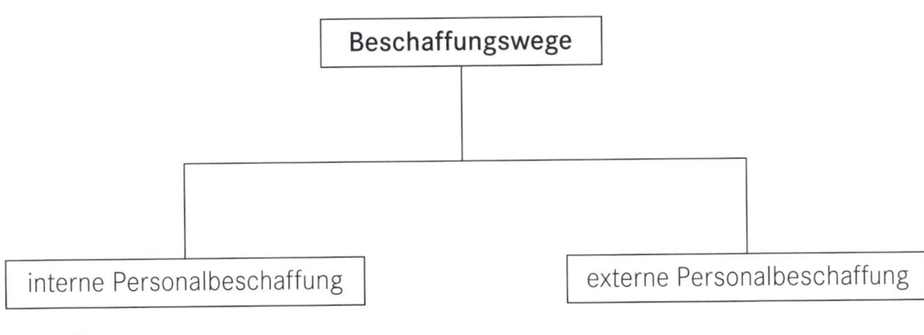

Beschaffungswege

3.2.1 Interne Personalbeschaffung

Fallbeispiel 4

Handlungssituation (Fallbeispiel)

Manuel Ritter steht kurz vor dem Umzug seines Metallbauunternehmens in das neue Betriebsgebäude. Der stetige Anstieg von Kunden und Mitarbeitern in den vergangenen Jahren haben den Bau einer größeren Werkstatt nötig gemacht. Manuel Ritter freut sich auf die Annehmlichkeiten des modernen Gebäudes und vor allem auf sein neues, großes Büro. Das alte platzt aus allen Nähten. Nur an die Lage des neuen Büros wird er sich wohl gewöhnen müssen. Er sitzt nämlich nicht mehr nur durch eine Glasscheibe von der Werkstatt getrennt im Erdgeschoss, sondern bezieht ein Büro im ersten Stock. Seine Frau begrüßt die Veränderung, weil er sich nun ohne Ablenkung durch seine Werkstattbeobachtung auf seine Geschäftsführeraufgaben konzentrieren kann. Doch Manuel Ritter bedauert, dass er den Werkstattablauf nicht mehr so einfach koordinieren und im Auge behalten kann. Darum hat er sich entschieden, die Position eines Werkstattleiters einzurichten.

Möglichst rasch möchte er die Stelle nun besetzen. Der Einfachheit halber hat er deshalb daran gedacht, jemanden aus den eigenen Reihen dafür auszuwählen. Geeignete Mitarbeiter hätte er sicher dafür. Er ist sich nur nicht ganz sicher, ob eine interne Stellenbesetzung wirklich nur Vorteile für ihn bringt.

Situationsbezogene Fragen

- Wie kann Manuel Ritter bei der internen Personalbeschaffung vorgehen?
- Welche Vor- und Nachteile hat dieser Beschaffungsweg?

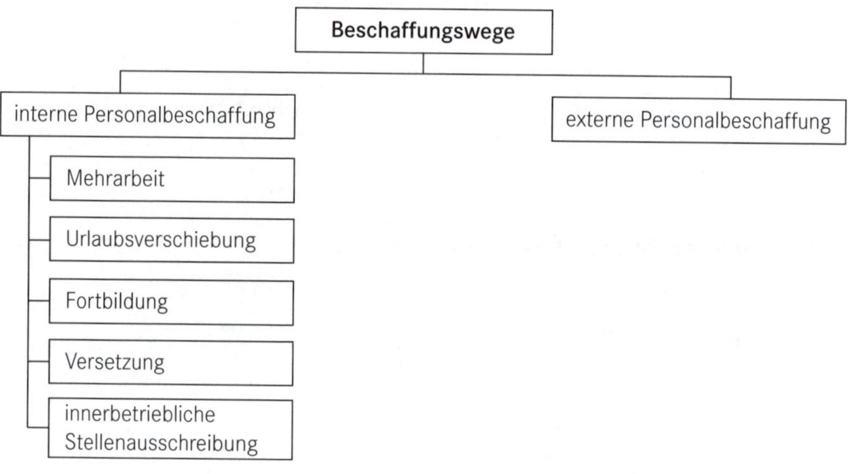

Interne Personalbeschaffung

Interne Personalbeschaffung

Neben den in Abschnitt 2.2.5.1 dargestellten Maßnahmen der **Mehrarbeit**, **Urlaubsverschiebung** und **Fortbildung**, zählen vor allem die Versetzung und die interne Stellenausschreibung zur internen Personalbeschaffung.

Eine **Versetzung** bedeutet, dass der Betrieb einem Mitarbeiter eine andere als seine bisherige Stelle zuweist. Diese kann auf der gleichen, einer höheren oder aber auch auf einer tieferen Hierarchieebene liegen.

Sofern der Arbeitsvertrag des Mitarbeiters es zulässt, erfolgt die Zuteilung der neuen Stelle im Rahmen einer Weisung. Ansonsten kann die Versetzung nur durch eine Änderungskündigung oder Änderungsvereinbarung erfolgen. In beiden Fällen besteht ein Mitbestimmungsrecht für den Betriebsrat. [75]

Durch eine Versetzung kann eine Kettenreaktion ausgelöst werden: eine Stelle wird zwar besetzt, an einer anderen Stelle entsteht jedoch eine neue Lücke.

Zum gleichen Ergebnis kann auch die **innerbetriebliche Stellenausschreibung** führen. Hier wird den Mitarbeitern eine offene Stelle z. B. über einen Aushang am schwarzen Brett, ein Rundschreiben oder das Intranet angeboten. Mitarbeiter, die für die Stelle bereits qualifiziert sind oder sich durch eine entsprechende Weiterbildung dafür qualifizieren wollen, können sich innerhalb einer bestimmten Frist für diese Stelle bewerben.

Ein Betrieb kann eine Stelle gleichzeitig intern wie extern ausschreiben.

Zu den **Vorteilen** der internen Personalbeschaffung gehören:

Vorteile

- Die Stelle kann schnell besetzt werden.
- Es fallen nur geringe Beschaffungskosten an.
- Der Mitarbeiter ist bereits bekannt, wodurch sich das Risiko einer Fehlbesetzung verringert.
- Der Mitarbeiter kennt den Betrieb und kann schnell eingearbeitet werden.
- Das Entgeltniveau des Betriebs kann eingehalten werden.
- Die Aufstiegsmöglichkeiten können zur Motivation und Bindung der Mitarbeiter beitragen.

Nachteilig kann sein:

Nachteile

- Es kommen keine neuen Ideen in den Betrieb, es entsteht die sogenannte „Betriebsblindheit".
- Es kann zu Rivalität und Neid unter den Mitarbeitern kommen.
- Ehemalige Kollegen werden evtl. nicht als Vorgesetzte akzeptiert.
- Der Mitarbeiter ist nicht unvoreingenommen, „alte Rechnungen" werden auf der neuen Stelle beglichen.
- Die Stellenbesetzung erfolgt nicht nach objektiven Kriterien, im externen Markt könnte es einen geeigneteren Kandidaten geben.

3.2.2 Externe Personalbeschaffung

Handlungssituation (Fallbeispiel)

Fallbeispiel 5

Nach der letzten Gemeinderatssitzung hat sich Manuel Ritter (siehe Beispiel oben) mit seinem Fraktionskollegen Kern über seine Personalsituation unterhalten. Frieder Kern ist Inhaber eines größeren Heizungsbaubetriebs am Ort und hat ihm von der innerbetrieblichen Personalbeschaffung abgeraten. Gerade der Umzug in ein neues Gebäude sei eine gute Gelegenheit, eingefahrene Abläufe zu überprüfen und Verbesserungen einzuführen. Für diese Aufgabe sei ein Außenstehender viel besser geeignet. Seit dem Gespräch fragt sich Manuel Ritter, ob er nicht doch lieber außerhalb des Betriebs nach einem geeigneten Kandidaten für die Werkstattleiterstelle suchen soll.

Situationsbezogene Fragen

- Wie beurteilen Sie die Einschätzung von Frieder Kern?
- Welche Instrumente könnte Manuel Ritter bei der externen Personalbeschaffung einsetzen?

Es gibt zahlreiche Möglichkeiten, Interessenten über eine freie Stelle zu informieren und sie zu einer Bewerbung zu veranlassen.

Die eingesetzten Instrumente müssen geeignet sein, die Zielgruppe zu erreichen und so gestaltet werden, dass sie die Aufmerksamkeit und das Interesse der potenziellen Bewerber wecken. Eine präzise Darstellung der Anforderungen sorgt dafür, völlig ungeeignete Bewerber von einem Kontakt abzuhalten.

Mehrgleisiges und vernetztes Vorgehen

Bei einem geringen Arbeitskräfteangebot reicht die Konzentration auf ein Instrument meist nicht aus. Hier ist eine mehrgleisige, vernetzte Vorgehensweise gefragt.

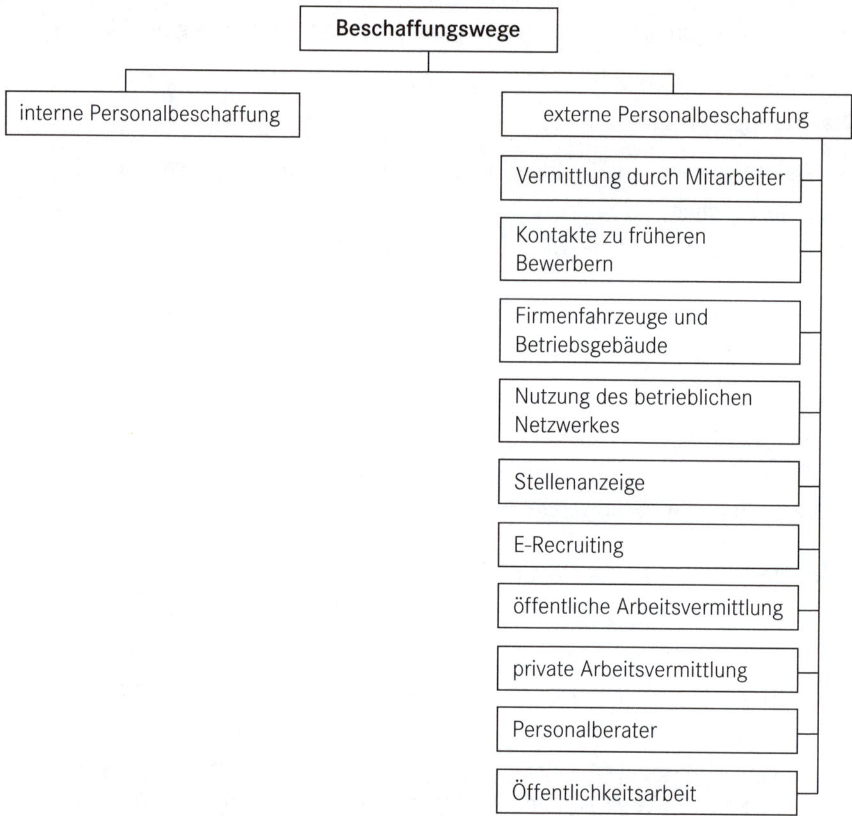

Externe Personalbeschaffung

3.2.2.1 Vor- und Nachteile

Genau wie die interne hat auch die externe Personalbeschaffung Vor- und Nachteile.

Vorteile

Für eine Personalbeschaffung aus dem externen Markt spricht:

- Es kommen frischer Wind und neue Ideen in den Betrieb.
- Der neue Mitarbeiter verfügt vielleicht über Kenntnisse und Kontakte zu neuen Kunden.

- Ein Außenstehender hat evtl. mehr Autorität.
- Es werden keine neuen „Stellenlücken" geschaffen.

Von Nachteil dagegen ist:

Nachteile

- Der Zeit- und der Kostenaufwand für die Personalbeschaffung sind meist hoch.
- Die durch den neuen Mitarbeiter geforderte Entgelthöhe orientiert sich in der Regel am aktuellen Arbeitsmarkt – kann ein Bewerber durch einen Arbeitskräftemangel hohe Forderungen durchsetzen, kann dies zu Ärger und Motivationsdefiziten bei der bestehenden, vergleichsweise schlechter bezahlten Belegschaft führen.
- Der neue Mitarbeiter ist nicht bekannt, es besteht das Risiko einer Fehlbesetzung und der Verschlechterung des Betriebsklimas.

3.2.2.2 Vermittlung durch Mitarbeiter

Die Mitarbeiter aus Handwerksbetrieben haben in der Regel gute Kollegenkontakte. Man kennt sich durch die Berufsschule, von Prüfungen, von gemeinsam besuchten Weiterbildungsveranstaltungen oder die frühere Zusammenarbeit in einem Betrieb.

Diese Kontakte werden für die Personalbeschaffung gerne genutzt. Viele Stellen werden dadurch besetzt, dass die bestehenden oder früheren Mitarbeiter ihnen bekannte Kollegen aus anderen Betrieben über eine freie Stelle informieren. Dazu werden auch die Möglichkeiten der Social Media (wie z. B. Facebook) genutzt.

Diese Kontaktaufnahme kann aus freien Stücken und ohne Wissen des personalsuchenden Betriebs geschehen. Zum Teil werden Mitarbeiter aber auch durch die Auslobung einer Anwerbeprämie dazu animiert, potenzielle Interessenten zu informieren.

Unerlaubte Abwerbung

Werden die Gespräche allerdings zu aggressiv geführt, ist Vorsicht geboten: schnell kann die Grenze zur unerlaubten Abwerbung überschritten sein. „Abwerbungsversuche durch eigene Mitarbeiter während des laufenden Arbeitsverhältnisses sind grundsätzlich unzulässig. Vorausgesetzt wird jedoch ein nachhaltiges auf eine Kündigung und anschließende Einstellung in einem anderen Unternehmen gerichtetes Einwirken, bloße Gespräche unter Arbeitskollegen über beabsichtigten Stellenwechsel, selbst bei Hervorhebung der Vorteile des neuen Arbeitgebers, sind noch nicht treuwidrig." [76]

Abwerbung findet auch direkt durch die Geschäftsführung statt und ist aufgrund des Fachkräftemangels heute im Handwerk relativ weit verbreitet. „Nahezu jeder dritte Chef hat laut Umfrage auf handwerk-magazin.de bereits entsprechende Pläne in der Schublade, jeder fünfte beschäftigt sogar bereits abgeworbene Mitarbeiter." [77] Sofern der anderweitig beschäftige Mitarbeiter nicht sittenwidrig oder unter

Verwendung unlauterer Mittel zu einem Vertragsbruch verleitet wird, ist dies durchaus zulässig. Jedem Arbeitgeber ist erlaubt, einem Arbeitnehmer einen Arbeitsplatz anzubieten. Abwerbung wird jedoch meist als unkollegial empfunden und verschärft die Rivalität im Markt.

Fallbeispiel 6

Handlungssituation (Fallbeispiel)

Jutta Keller ist erleichtert. Sie hat nicht damit gerechnet, die freigewordene Stelle der Fleischfachverkäuferin in einer der Filialen ihrer Metzgerei so schnell besetzen zu können. Doch kaum war die Kündigung der Mitarbeiterin durchgesickert, hatte sich Kerstin Frey bei ihr gemeldet. Sie ist eine sehr zuverlässige Kraft und arbeitet seit einem Jahr in der betroffenen Filiale. Kerstin Frey hat ihr den Kontakt zu einer früheren Kollegin hergestellt. Dieser hatte sie zufällig von der freien Stelle erzählt und war sofort auf Interesse gestoßen. Jutta Keller hat die Kollegin nun eingestellt und ist gespannt, wie sich die Zusammenarbeit entwickeln wird.

Situationsbezogene Fragen

- Wie schätzen Sie die Situation ein?
- Worin liegen Chancen und Risiken der Vermittlung durch Mitarbeiter?

Vorteile

Die Stellenbesetzung durch eine Mitarbeiterempfehlung erfolgt meist schnell und kostengünstig. Der Betrieb weiß zudem mehr über den Bewerber als über fremde externe Kandidaten. Und der vermittelnde Mitarbeiter fühlt sich in der Regel für die neue Arbeitskraft verantwortlich, was die Einarbeitung erleichtert.

Risiken

Problematisch ist allerdings, wenn sich durch die Mitarbeitervermittlung Cliquen im Betrieb bilden. Oder eine ungute Vermischung von privaten und betrieblichen Aspekten entsteht, weil z. B. persönliche Freunde oder Vereinskollegen der Mitarbeiter rekrutiert werden.

3.2.2.3 Kontakte zu früheren Bewerbern

Betriebe erhalten ab und an unaufgeforderte Bewerbungen, die sie mangels passender Stelle zu diesem Zeitpunkt nicht berücksichtigen können. Oder es gibt Bewerber auf Stellen, die zwar grundsätzlich für den Betrieb interessant sind, denen aber ein anderer Kandidat bei der Personalauswahl vorgezogen wurde.

Bewerberdatei

Werden die Kontaktdaten dieser Personen mit ihrer Einwilligung in einer Bewerberkartei bzw. -datei gespeichert, können sie über passende, freie Stellen informiert werden.

3.2.2.4 Firmenfahrzeuge und Betriebsgebäude

Jeder Marketingkenner weiß: Firmenfahrzeuge sind wie fahrende Anzeigentafeln. Sie werden nicht nur von Kunden wahrgenommen, sondern auch von Mitarbeitern der Kollegenbetriebe bemerkt. Daher eignen sie sich auch für die Personalbeschaffung.

Die Fahrzeuge werden mit dem Hinweis auf den Personalbedarf beschriftet oder Stellenanzeigen in ordnungsgemäß geparkten Fahrzeugen in den Scheiben befestigt. Um Interessenten schnell Zugang zu weiteren Stellen- und Betriebsinformationen zu verschaffen, werden häufig QR-Codes eingesetzt.

„Wir stellen ein“: Schilder mit dieser Überschrift prägten lange Zeit das Bild der Firmenwerkstore im Nachkriegsdeutschland. Zwischenzeitlich lebt diese Stellenbewerbungsform wieder auf. Betriebe machen durch Schilder, Plakate oder Gerüstsegel auf ihren (teils auch auf fremden) Fassaden auf freie Stellen aufmerksam.

Handwerksbetriebe mit Ladengeschäften können Aushänge nutzen oder Handzettel mit Stellenhinweisen auf ihren Theken auslegen.

3.2.2.5 Nutzung des betrieblichen Netzwerks

Um den geeigneten Bewerber zu finden, bedarf es heute oft einer breiten Streuung des Suchhinweises. Nicht immer wird der Interessent selbst auf die freie Stelle aufmerksam, sondern bekommt die Information aus seinem Bekanntenkreis. Als Informationsvermittler kommen zahlreiche Personen aus dem betrieblichen Umfeld in Frage, wie beispielsweise

Informationsvermittler

- Personal der Zulieferindustrie,
- Dienstleister des Betriebs,
- Kunden des Betriebs,
- Kontakte aus Ausbildungseinrichtungen,
- Kontakte aus Kammern und Fachorganisationen,
- der persönliche Bekanntenkreis aller Betriebsangehörigen.

Diese können im persönlichen Gespräch, beispielsweise aber auch bei Betriebsveranstaltungen auf den Personalbedarf hingewiesen werden.

3.2.2.6 Stellenanzeige

Die in vielen Handwerksbetrieben lange Zeit üblichste Form der Personalbeschaffung war die Stellenanzeige.

Anzeigenträger

Je nach Zielgruppe wird diese in unterschiedlichen Anzeigenträgern geschaltet. Für Hilfstätigkeiten und Teilzeitarbeit werden in der Regel lokale Zeitungsteile und Anzeigenblätter genutzt. Für Fachkräfte werden meist regionale Tageszeitungen bevorzugt. Und speziell qualifizierte Fachkräfte oder Führungskräfte werden auch in überregionalen Tages- und Wochenzeitungen oder Fachzeitschriften gesucht.

Fachzeitschriften wenden sich gezielt an ein bestimmtes Gewerk. Da sie häufig monatlich erscheinen, ist die lange Vorlaufzeit zu berücksichtigen. Tageszeitungen haben ihren Anzeigenschluss meist relativ kurz vor dem Erscheinungstermin.

Schaltkosten

Die Höhe der Schaltkosten einer Anzeige ist abhängig von

- der Anzeigengröße,
- der Anzahl der verwendeten Farben,
- dem Anzeigenträger,
- dem Erscheinungstermin.

Die Anzeigenschaltung an einem Samstag ist meist teurer als an einem Wochentag. Für den Samstag spricht, dass diese Ausgabe auch gezielt von Nicht-Abonnenten gekauft wird, weil sie hier den umfassendsten Stellenanzeigenteil finden. An anderen Wochentagen kommt eine Anzeige dagegen unter Umständen besser zur Geltung, weil das Angebot an Stellenanzeigen geringer und übersichtlicher ist. [78]

Anzeigenarten

Zur Auswahl hat der Betrieb auch unterschiedliche Arten von Anzeigen. [79] Je nach Nennung des Unternehmens gibt es:

- **Offene Stellenanzeigen**
  Der Name des suchenden Unternehmens ist abgedruckt und der Interessent kann sich gezielt dort bewerben.

- **Chiffreanzeigen**
  Die Anzeigen enthalten keinen Namen des inserierenden Unternehmens, sondern ausschließlich eine Chiffrenummer. Die Bewerbungen gehen an die Zeitung und werden von dort aus weitergeleitet. Chiffreanzeigen haben ein eher negatives Image und sollten nur in Ausnahmefällen (z. B. Stelle ist noch besetzt oder die Personalsuche soll Konkurrenten oder unerwünschten Bewerbern nicht bekannt werden) eingesetzt werden.

- **Anzeigen von Personalberatern**
  Als Ansprechpartner wird in der Anzeige ein Personalberater genannt. Das suchende Unternehmen kann auf Wunsch unerkannt bleiben. Anzeigen von Personalberatern werden im Handwerk bisher selten genutzt.

Je nach verwendetem Satzverfahren werden noch unterschieden:

- **Wortanzeigen**
  Diese werden auch Kleinanzeigen genannt, sind einspaltig und werden nach Anzahl der Worte berechnet.
- **Gesetzte Anzeigen**
  Gesetzte Anzeigen sind mehrspaltig und werden auf der Grundlage eines Spaltenpreises pro mm berechnet.

Für die Gestaltung der Stellenanzeige gelten mittlerweile ähnliche Regeln wie für eine Produktanzeige. Sie muss in der Masse der Anzeigen noch wahrnehmbar sein. Positiv für die Aufmerksamkeitswirkung sind z. B.

Aufmerksamkeitswirkung

- eine ausreichend große und gut lesbare Schrift
- genügend Weißraum
- Farbe
- Bilder
- Textblöcke zur Erleichterung der Lesbarkeit
- Schlagworte als Blickfang

Die inhaltliche Gestaltung sollte sich an den Bedürfnissen der Zielgruppe orientieren und die Attraktivität von Stelle und Arbeitgeber betonen. Mit einem Verweis auf die Website des Betriebs oder mit einem QR-Code in der Anzeige kann eine ausführliche Stellenbeschreibung ins Internet verlagert werden.

Zu den Inhalten einer Stellenanzeige gehören:

Inhalte der Stellenanzeige

- Aussagen über das Unternehmen
- Aussagen über die zu besetzende Stelle
- Hinweise zu den Anforderungsmerkmalen
- eine Darstellung der Leistungen und Vorzüge für den Bewerber
- die Nennung der Bewerbungsunterlagen und des Bewerbungswegs.

Soll eine Stelle schnell besetzt werden, muss dies aus der Anzeige hervorgehen, um die Bewerber rasch zu aktivieren. Ansonsten lassen sich interessante Kandidaten eventuell zu viel Zeit, bis sie sich zu einer Reaktion entschließen.

3.2.2.7 E-Recruiting

Mit E-Recruiting (= elektronische Rekrutierung) bezeichnet man alle Personalbeschaffungsmaßnahmen, die sich auf die Verwendung elektronischer Medien stützen. Das E-Recruiting umfasst in einigen Unternehmen den kompletten Prozess von der Suche möglicher Bewerber, über die Personalauswahl bis hin zur Verwaltung des Bewerbungsvorgangs.

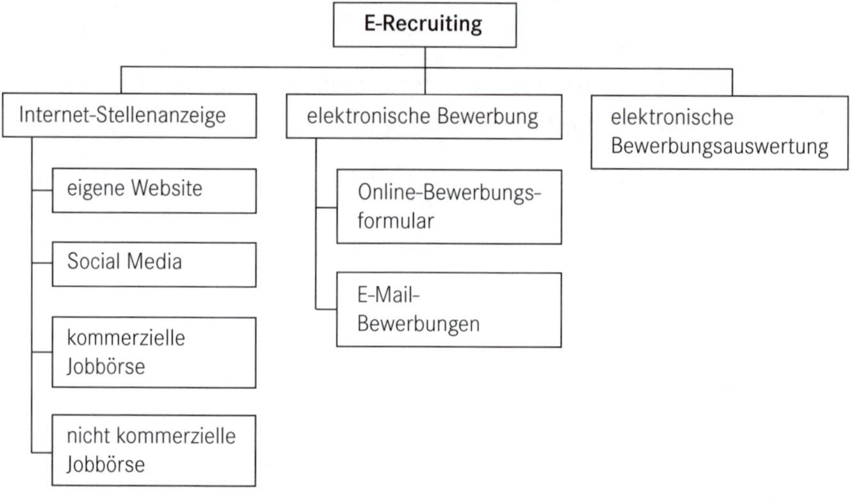

E-Recruiting

Website

- **Internet-Stellenanzeige**
  - Veröffentlichung auf der eigenen Website
    Auch im Handwerk ist es durchaus üblich, eine Stellenanzeige auf der eigenen Website zu schalten. Sie ist meist auf der Startseite oder der Rubrik „Freie Stellen" zu finden.

    Stellenanzeigen auf der Website bieten umfangreiche Möglichkeiten, die Stelle und den Betrieb attraktiv zu präsentieren. So können neben Texten und Bildmaterial auch Videos (mit Kurzvorstellungen des Betriebs, des Arbeitsplatzes sowie der Kollegen) oder Podcasts eingesetzt werden.

    Interessenten finden die Stellenanzeige z. B. über Suchmaschinen, die direkte Eingabe des Firmennamens, über Verweise aus den Social Media-Portalen oder über die Verlinkung mit einem QR-Code.
  - Social Media-Plattformen

    Social Media

    Social Media-Plattformen wie Facebook, Instagram, Xing oder LinkedIn werden von vielen Menschen intensiv genutzt. Auch hier kann ein Unternehmen auf ein Stellenangebot aufmerksam machen.

Personalverantwortliche schätzen an Social Media-Portalen vor allem die einfachen Weiterempfehlungsmöglichkeiten der Inhalte durch Nutzer und die gute Vernetzbarkeit mit allen anderen Personalbeschaffungsinstrumenten. Sie setzen die Plattformen aber auch zur aktiven Suche ein: in Xing beispielsweise werden Netzwerkmitglieder mit passender Qualifikation direkt kontaktiert.

- Kommerzielle Jobbörsen
  Kostenpflichtig veröffentlicht werden können Stellenanzeigen in kommerziellen Jobbörsen. Zu diesen zählen z. B. monster, stepstone, kalaydo oder jobscout24. In Jobbörsen können Unternehmen auch in Bewerberdatenbanken nach geeigneten Mitarbeitern suchen.

  Kommerzielle Jobbörsen spielen im Handwerk bisher eine geringere Rolle als in anderen Branchen. Ihre Nutzung ist vor allem abhängig vom Rang der Stelle und vom gesuchten Gewerk.

Jobbörsen

- Nicht kommerzielle Jobbörsen
  Die größte Jobbörse im deutschsprachigen Raum ist „Arbeitsagentur.de“, der virtuelle Arbeitsmarkt der Bundesagentur für Arbeit. [80] Für den Betrieb ist das Stellenangebot in „Arbeitsagentur.de“ genau wie die Suche in den Bewerber- und Stellengesuchsdatenbanken kostenlos.

  Nicht kommerzielle Jobbörsen werden auch von Verlagen betrieben. Diese veröffentlichen hier als Zusatzangebot die in ihren Zeitungen abgedruckten Stellenanzeigen.

„Arbeitsagentur.de“

- **Elektronische Bewerbung**
  Elektronische Medien können nicht nur zu Informationszwecken, sondern auch als Bewerbungskanal genutzt werden. Die Verbreitung ist im Handwerk bisher jedoch deutlich geringer als in anderen Branchen.

  - Online-Bewerbungsformular
    Der Bewerber füllt ein standardisiertes Formular aus, das der Stellenanzeige auf der Webseite oder in der Jobbörse hinterlegt ist. Einige Unternehmen nutzen auch spezielle Apps. Durch die Standardisierung sind die Bewerbungen gut vergleichbar, automatisch selektierbar und können direkt in eine angebundene Datenbank einfließen. [81]

Standardisierung

  - E-Mail-Bewerbungen
    Manche Unternehmen wünschen oder akzeptieren, dass Bewerber ihre Bewerbungsunterlagen als Dateianhänge per E-Mail senden. Diese Bewerbungen lassen sich zwar elektronisch auswerten, bieten jedoch kaum Vergleichbarkeit. Zudem können unterschiedliche Dateiformate und das Risiko von Computerviren problematisch sein. [82]

- **Elektronische Bewerbungsauswertung**
  Nicht jeder Interessent bekommt die Chance, an der elektronischen Bewerbung teilzunehmen. Es gibt Unternehmen, die Tests als Vorabfilter benutzen. Erst wenn diese erfolgreich durchlaufen sind, wird die Bewerbung freigeschaltet.

  Die eingegangenen Bewerbungen können mit Hilfe von Suchbegriffen elektronisch analysiert werden.

  Und elektronische Tests werden teilweise auch nach der Bewerbung im Rahmen der Personalauswahl eingesetzt.

Vorteile

Als Vorteile des E-Recruitings gelten unter anderem: [83]

- Anzeigen können im Internet schnell geschaltet werden und sind rund um die Uhr verfügbar.
- Die Internet-Anzeige ist meist kostengünstiger als die Anzeige in Printmedien.
- Es ist ein schneller und direkter Austausch zwischen Unternehmen und Bewerber möglich.
- Es können Zusatzinformationen, zum Beispiel in Form von Bildern und Videos gegeben werden.
- Die Inhalte können schnell aktualisiert oder ergänzt werden.
- Bewerber können leichter recherchieren und einen größeren Suchradius abdecken.

Kritisch gesehen werden beim E-Recruiting z. B. [84]

- die Unpersönlichkeit des Bewerbungsverfahrens,
- die mangelnde Datensicherheit bei der Bewerbung und der Bewerbungsauswertung.

Fallbeispiel 7

Handlungssituation (Fallbeispiel)

Anna Zeller und ihr Bruder Max führen gemeinsam ein Autohaus. Im Moment suchen sie dringend einen Karosseriebaumeister. Max Zeller hat vorgeschlagen, bei der Personalsuche ganz auf E-Recruiting zu setzen. Ihm schwebt vor, eine Stellenanzeige bei einer kommerziellen Jobbörse zu schalten und sie gleichzeitig auf Facebook und ihrer Firmenwebsite online zu stellen. Anna gefällt dieser Vorschlag nicht. Sie glaubt nicht daran, dass ihre Zielgruppe so zu erreichen ist. Sie setzt lieber auf die gute alte Stellenanzeige in der Zeitung.

Situationsbezogene Frage

- Welche Vorgehensweise würden Sie empfehlen? Wie begründen Sie Ihre Sichtweise?

3.2.2.8 Öffentliche Arbeitsvermittlung

„Wesentliche Aufgaben der Bundesagentur für Arbeit sind:

Bundesagentur für Arbeit

- Vermittlung in Ausbildungs- und Arbeitsstellen,
- Berufsberatung,
- Arbeitgeberberatung,
- Förderung der Berufsausbildung,
- Förderung der beruflichen Weiterbildung,
- Förderung der beruflichen Eingliederung von Menschen mit Behinderung,
- Leistungen zur Erhaltung und Schaffung von Arbeitsplätzen und
- Entgeltersatzleistungen, wie zum Beispiel Arbeitslosengeld oder Insolvenzgeld.“ [85]

Die für den Betrieb zuständige Anlaufstelle für die Vermittlung von Arbeitskräften ist der örtliche Arbeitgeber-Service (es gibt Agenturen und Jobcenter). Dessen Vermittlungsleistungen sind für den Betrieb in der Regel kostenfrei.

3.2.2.9 Private Arbeitsvermittlung

Kostenpflichtig für den Betrieb ist die Arbeitsvermittlung durch private Arbeitsvermittler. Diese können in Anspruch genommen werden durch Unternehmen, Arbeitssuchende oder Wechselinteressierte. Liegen die entsprechenden Fördervoraussetzungen vor, erhält ein Arbeitssuchender oder Arbeitsloser für die private Vermittlung einen Aktivierungs- und Vermittlungsgutschein. In diesem Fall rechnet der Arbeitsvermittler sein Honorar direkt mit der Agentur für Arbeit ab.

Förderungsmöglichkeiten

Viele Einrichtungen der privaten Arbeitsvermittlung haben sich auf ganz bestimmte Bereiche spezialisiert. Sie stehen unter der Kontrolle der Regionaldirektionen der Bundesagentur für Arbeit.

3.2.2.10 Personalberater

Personalberater sind nicht vermittelnd, sondern beratend tätig. Gegen Honorar unterstützen sie ein Unternehmen im gesamten Beschaffungsprozess - von der Formulierung des Anforderungsprofils über die Stellenanzeige und die Gestaltung des Bewerbungsgesprächs bis hin zur Auswahlentscheidung. Personalberater werden vor allem für höhere Führungspositionen und Fachspezialisten eingesetzt.

„Headhunter“

Eine spezielle Form der Personalberater sind die sogenannten „Headhunter“. Sie sprechen gezielt (meist telefonisch) geeignet erscheinende Arbeitskräfte aus anderen Unternehmen an, um deren Wechselbereitschaft zu ermitteln und ihnen die zu besetzende Position vorzustellen. Bei Interesse stellen sie den Kontakt zwischen Arbeitskraft und personalsuchendem Unternehmen her.

Headhunter gibt es auch im Handwerk, wo sie für die Vermittlung von Fachkräften genutzt werden.

3.2.2.11 Öffentlichkeitsarbeit

Öffentlichkeitsarbeit hat nicht nur eine wichtige Funktion für das Employer Branding eines Betriebs, sondern unterstützt auch die Personalbeschaffung.

Maßnahmen der Öffentlichkeitsarbeit

Zu den Maßnahmen der Öffentlichkeitsarbeit gehören z. B.

- Tage der offenen Tür
- Betriebsbesichtigungen
- Berichte über Betriebsaktivitäten oder Mitarbeiter in der Tagespresse
- Betriebsportraits in der Fachpresse
- Internet-Blogs
- Vorträge durch Betriebsangehörige
- Teilnahme an Fachforen

3.2.3 Berufsausbildung

Fallbeispiel 8

Handlungssituation (Fallbeispiel)

Tobias Schuster ist mit Leib und Seele Meister im Garten- und Landschaftsbau. Diesen Beruf wollte er schon immer ausüben und schätzt es besonders, dass er nicht den ganzen Tag im Büro sitzen muss, sondern viel im Freien arbeiten kann. Vor acht Jahren hat er sich mit einem eigenen Betrieb selbstständig gemacht und ist mit dessen Entwicklung sehr zufrieden.

Da er merkt, dass es immer schwieriger wird, gute Mitarbeiter auf dem Arbeitsmarkt zu finden, möchte er in Zukunft seine Nachwuchskräfte selbst ausbilden und für das kommende Jahr zwei Ausbildungsstellen anbieten. Allerdings fragt sich Tobias Schuster nun, welche Voraussetzungen er in seinem Betrieb erfüllen muss, um ausbilden zu dürfen und wie er die passenden Auszubildenden finden soll? Von zwei Kollegen weiß er, dass in deren Betrieben die Bewerbungszahlen seit einiger Zeit deutlich zurückgehen. Und nicht jeder der jungen Bewerber ist nach Kollegenmeinung ausreichend interessiert und geeignet für die Ausbildung.

Situationsbezogene Fragen

- Was hat Tobias Schuster zu berücksichtigen, wenn er in seinem Betrieb ausbilden möchte?
- Was könnte er Ihrer Meinung nach tun, um gute Auszubildende zu finden?

3.2.3.1 Grundlagen der Berufsausbildung

Gründe für die Ausbildung

Es sprechen gute **Gründe** für eine Ausbildung im eigenen Betrieb [86]:

- Die Auszubildenden lernen früh die Anforderungen und Besonderheiten des Betriebs kennen und können zu passgenauen Mitarbeitern entwickelt werden.
- Es entsteht ein Pool an möglichen Mitarbeitern, die nicht erst teuer auf dem externen Arbeitsmarkt rekrutiert werden müssen und bereits eine Identifikation mit dem Betrieb mitbringen.
- Die Auszubildenden sorgen durch neue Ideen und Kompetenzen (z. B. im Bereich Technik oder Neue Medien) dafür, dass ein Betrieb sich mit aktuellen Entwicklungen auseinandersetzt und auf der Höhe der Zeit bleibt.
- Durch die Ausbildung zeigt der Betrieb seine soziale Verantwortung im regionalen Umfeld, was der öffentlichen Anerkennung und Akzeptanz dient.

Duales System der Ausbildung

Das Handwerk ist gekennzeichnet durch das sogenannte **duale System der Ausbildung:** die betriebliche Ausbildung wird vom Besuch der Berufsschule begleitet. An ein bis zwei Tagen in der Woche oder am Block über mehrere Tage erhalten die Auszubildenden hier fachtheoretische und fachpraktische Kenntnisse, sowie Unterricht in allgemeinbildenden Fächern.

Überbetriebliche Lehrgänge können den berufspraktischen Teil der Ausbildung ergänzen. Sie vermitteln neueste technische Entwicklungen und gleichen mögliche Wissensunterschiede der Auszubildenden in verschieden spezialisierten Betrieben aus. Damit sorgen sie für ein einheitliches Niveau der betrieblichen Ausbildung.

Voraussetzungen

Möchte ein Handwerker wie Tobias Schuster aus obigem Beispiel ausbilden, muss er unter anderem

- geeignete Ausbildungsberufe auswählen,
- die Ausbildungsordnung beschaffen,
- die Eignung des Betriebs anhand des Ausbildungsberufsbilds und des Ausbildungsrahmenplans (festgelegt in der Ausbildungsordnung) klären,
- die Eignung der Ausbilder und die Zulassung des Betriebs als Ausbildungsstätte prüfen,
- einen betrieblichen Ausbildungsplan erstellen,
- geeignete Auszubildende rekrutieren,
- mit ihnen einen Ausbildungsvertrag schließen,

- sie in die Lehrlingsrolle bei der Handwerkskammer eintragen lassen und
- sie in der Berufsschule anmelden.

Ausbildungsordnung

Für jeden Ausbildungsberuf gibt es eine **Ausbildungsordnung.** In ihr sind zum Beispiel festgelegt:

- die Bezeichnung des Ausbildungsberufs,
- die Dauer der Ausbildung,
- das Berufsbild (Kenntnisse und Fertigkeiten, die vermittelt werden müssen),
- der Ausbildungsrahmenplan (inhaltliche und zeitliche Gliederung der Ausbildung) und
- die Prüfungsanforderungen.

Veröffentlicht sind die aktuell verbindlichen Verordnungen auf den Internetseiten des Bundesinstituts für Berufsbildung (BiBB).

Unternehmenseignung

Die **Unternehmenseignung** regelt das Berufsbildungsgesetz. Um Auszubildende einstellen zu können, muss ein Betrieb nach Art und Einrichtung für die Berufsausbildung geeignet sein. Dafür muss er über passende Arbeitsplätze und soziale Einrichtungen sowie über die nötige Ausstattung mit Maschinen, Werkzeugen und sonstigen Hilfsmitteln verfügen. Zudem muss die Zahl der Auszubildenden in einem angemessenen Verhältnis zur Zahl der beschäftigten Fachkräfte stehen.

Als angemessen gelten:

- 1 Auszubildender bei 1 bis 2 Fachkräften
- 2 Auszubildende bei 3 bis 5 Fachkräften
- 3 Auszubildende bei 6 bis 8 Fachkräften
- 1 weiterer Auszubildender je weitere 3 Fachkräfte [87]

Ausbildereignung

Ausbilder müssen persönlich und fachlich für ihre Aufgabe geeignet sein. Zur persönlichen Eignung gehört beispielsweise, nicht schwerwiegend gegen das Berufsbildungsgesetz oder das Jugendarbeitsschutzgesetz verstoßen zu haben.

Zu den fachlichen Eignungsvoraussetzungen zählen [88]:

- die Abschlussprüfung in einer dem Ausbildungsberuf entsprechenden Fachrichtung oder einer abgelegten Fach-, Fachhoch- oder Hochschulprüfung mit angemessener Berufspraxis und
- der Nachweis der berufs- und arbeitspädagogischen Kenntnisse gemäß der Ausbildereignungsverordnung durch die Ausbildereignungsprüfung.

Um die Ausbildung an die betrieblichen Gegebenheiten (Inhalte und zeitliche Vorgaben wie Urlaubszeiten) und die individuellen Voraussetzungen jedes Auszubildenden (wie Kenntnisstand oder Ausbildungsdauer) anzupassen, wird ein betrieblicher **Aus-**

bildungsplan erstellt. Er regelt, wann der Auszubildende im Betrieb welche Inhalte vermittelt bekommt.

„Der betriebliche Ausbildungsplan gewährleistet, dass

Ausbildungsplan

- die Ausbildung vollständig ist,
- der Auszubildende eine Orientierungshilfe hat,
- durch Inhalts- und Zeitvorgaben eine Erfolgssicherung möglich ist." [89]

Zur Vermittlung der geplanten Inhalte können zahlreiche **Unterweisungsmethoden** eingesetzt werden, wie etwa:

Unterweisungsmethoden

- die 4-Stufen-Methode (Vorbereiten, Vormachen, Nachmachen, Üben),
- das Lehrgespräch,
- der Vortrag,
- das Rollenspiel,
- die Fallstudie oder
- die programmierte Unterweisung (z. B. PC-gesteuerte Selbstlernprogramme).

Entscheidend für die Auswahl sind der Lehrinhalt und der Lerntyp des Auszubildenden.

Um einen Lernerfolg zu gewährleisten empfiehlt es sich, die Lernziele detailliert mit dem Auszubildenden zu besprechen und regelmäßig zu kontrollieren.

Der sachliche und zeitliche Ablauf der Ausbildung ist in Form eines Berichtshefts nachzuweisen. Dieser **Ausbildungsnachweis** muss vom Auszubildenden mindestens wöchentlich geführt und vom Ausbilder mindestens monatlich geprüft und abgezeichnet werden. Das Führen des Berichtshefts ist Voraussetzung für die Zulassung zur Gesellen- bzw. Abschlussprüfung und muss spätestens bei der Prüfung vorgelegt werden. [90]

Berichtsheft

Die fachliche und persönliche Entwicklung eines Auszubildenden lässt sich zudem überwachen mit

- Übungsarbeiten und Arbeitsproben, bei denen nicht nur das Leistungsergebnis, sondern auch die Herangehensweise beachtet werden,
- schriftlichen Erfolgskontrollen oder
- Verhaltensbeobachtungen und Beurteilungen mit Hilfe von Beurteilungsbögen.

Feedback

Ein Auszubildender benötigt für seine Entwicklung ehrliches Feedback. Er kann sein Verhalten nur anpassen, wenn ihm ein Fehler bewusst ist und ihm vermittelt wird, wie er stattdessen vorgehen soll. Für seine Motivation sind wie bei allen Mitarbeitern Erfolgserlebnisse und Lob wichtig. Dieses muss nicht nur vom Ausbilder, sondern kann auch von den Kollegen (z. B. in Form von Kollegen-Feedbackbögen) kommen.

Der Ausbildungsbetrieb schließt mit jedem Auszubildenden einen **Ausbildungsvertrag**. Das Berufsbildungsgesetz legt als Mindestinhalte für diesen fest [91]:

Ausbildungsvertrag

- Art der Ausbildung
- Beginn und Dauer der Ausbildung
- Ausbildungsmaßnahmen außerhalb der Ausbildungsstätte (z. B. Maßnahmen, die in der Ausbildungsordnung vorgegeben sind wie etwa die überbetriebliche Ausbildung, Maßnahmen zur Behebung von Eignungsmängeln oder Maßnahmen zur Verbesserung der Ausbildungsqualität)
- Dauer der regelmäßigen täglichen Ausbildungszeit
- Dauer der Probezeit
- Zahlung und Höhe der Vergütung
- Dauer des Urlaubs
- Voraussetzungen, unter denen der Berufsausbildungsvertrag gekündigt werden kann
- Hinweis auf Tarifverträge, Dienst- und Betriebsvereinbarungen.

Lehrlingsrolle

Der Ausbildungsvertrag wird vom Ausbildenden sowie vom Auszubildenden (bei Jugendlichen auch von den Erziehungsberechtigten) unterschrieben. Dass der Vertrag in die Lehrlingsrolle der Handwerkskammer eingetragen ist, ist Zulassungsvoraussetzung des Auszubildenden für die Abschlussprüfung.

Nicht jeder Betrieb ist in der Lage, alle Ausbildungsinhalte selbst zu vermitteln. So kann ein spezialisiertes Leistungsspektrum dazu führen, dass ein Auszubildender vorgeschriebene Bereiche des Berufsbilds in seinem Ausbildungsbetrieb nicht lernen kann. Abhilfe kann ein **Ausbildungsverbund** schaffen.

Verbundausbildung

Verbundausbildung bedeutet, dass Auszubildende zeitweise in einem Partnerbetrieb lernen. Es gibt mehreren Arten:

- **Auftragsausbildung**
  Auftragsausbildung bedeutet zum einen, dass ein Ausbildungsbetrieb freie Kapazitäten (z. B. Lehrwerkstätten) einem anderen Betrieb gegen Kostenerstattung zur Verfügung stellt. Zum anderen heißt Auftragsausbildung, dass ein Betrieb einzelne Ausbildungsabschnitte gegen Bezahlung an andere Betriebe oder Bildungsträger vergibt. Meist sind die Anbieter von Auftragsausbildung Bildungsdienstleister. Nimmt ein Betrieb dieses Angebot in Anspruch, benötigt er keinen Partnerbetrieb.

- **Konsortium**
  Einem Ausbildungskonsortium gehören mehrere Betriebe an. Um ein möglichst breites Ausbildungsspektrum abdecken zu können, lassen sie ihre Auszubilden-

den bestimmte Ausbildungsabschnitte in anderen Betrieben des Konsortiums absolvieren.

- **Ausbildungsverein**
  Ein Ausbildungsverein ist ein Zusammenschluss von Betrieben auf vereinsrechtlicher Grundlage. Der Verein tritt als Ausbilder auf: er schließt den Ausbildungsvertrag mit den Auszubildenden, organisiert und überwacht die Ausbildung. Die einzelnen Mitgliedsbetriebe konzentrieren sich ausschließlich auf den praktischen Teil der Ausbildung. Die Finanzierung des Vereins erfolgt über Mitgliedsbeiträge oder durch Kostenverrechnung.
- **Leitbetrieb mit Partnerbetrieben**
  Der Leitbetrieb ist verantwortlich für die Ausbildung und organisiert für bestimmte Ausbildungsabschnitte den Aufenthalt des Auszubildenden in ausgewählten Partnerbetrieben.

Breites Ausbildungsspektrum

Die Verbundausbildung ermöglicht ein breites Ausbildungsspektrum auch bei fortschreitender Spezialisierung, erleichtert Betrieben den Einstieg in das Thema Ausbildung und fördert die Kooperation unter Betrieben. Die Auszubildenden lernen schon früh, sich auf unterschiedliche Betriebsstrukturen und Menschen einzustellen, was die Ausbildung interessant gestaltet und die immer wichtiger werdende Eigenschaft der Flexibilität stärkt. [92]

Allerdings bedingt die Verbundausbildung einen erhöhten Organisationsaufwand und wird problematisch, falls einer der Partnerbetriebe seinen Verpflichtungen nicht nachkommt. Zudem befürchten viele Betriebe, dass sie gute Auszubildende nach dem Ausbildungsabschluss an Partnerbetriebe verlieren könnten.

Ausbildungsberatung

Beratung bei allen Fragen vor und während einer Ausbildung erhält der Handwerksbetrieb durch die Ausbildungsberatung der zuständigen Handwerkskammer. Dies gilt auch für Ausbildungsprobleme und Konfliktsituationen. Dabei sind die Ausbildungsberater Ansprechpartner sowohl für den Betrieb, als auch für die Auszubildenden.

3.2.3.2 Rekrutierung von Auszubildenden

Demographischer Wandel

Die Auswirkungen des demographischen Wandels sind am deutlichsten spürbar, wenn es um die Besetzung von Ausbildungsstellen geht. Hatten viele Betriebe vor Jahren noch Mühe, sich unter der Menge der Bewerber die passenden auszuwählen, bleiben viele Ausbildungsstellen im Handwerk heute unbesetzt. Handwerksbetriebe konkurrieren mit Unternehmen aller anderen Branchen um eine rückläufige Zahl von Schulabgängern. Erschwerend kommt hinzu, dass der Anteil der Haupt- und Realschüler überproportional abnimmt, weil immer mehr Schüler Abitur machen wollen.

Gerade sie waren aber immer die wichtigste Zielgruppe für eine Ausbildung im Handwerk.

Sorge machen vielen Betrieben auch die abnehmende Qualität und das fehlende Interesse ihrer Bewerber. Deswegen handeln manche Betriebe nach der Devise: „Bevor ich mich mit einem schlechten Azubi zufriedengebe, lass ich die Stelle lieber unbesetzt." [93]

Wer seinen Fachkräftebedarf in Zukunft mit guten Mitarbeitern aus den eigenen Reihen sichern möchte, muss heute frühzeitig in der Rekrutierung von Auszubildenden aktiv werden. Und auch hier gilt es wieder, sich der Zielgruppe als attraktiver Arbeitgeber und Ausbilder zu präsentieren.

Attraktivität des Ausbildungsbetriebs

Die Attraktivität eines Ausbildungsbetriebs wird abhängig gemacht von:

- dem Leistungsspektrum des Betriebs
- dem Ruf des Betriebs
- dem Bekanntheitsgrad und der Marktstellung des Betriebs
- dem Auftreten des Betriebs - in der Öffentlichkeit, wie auch im Internet
- dem Image des Betriebs
- der Ausbildungsvergütung
- der Ausbildungsqualität und dem Ruf der Ausbilder und Führungskräfte
- den Entwicklungsmöglichkeiten, die ein Betrieb bietet
- den Aussagen früherer Auszubildenden und Praktikanten
- den Kommentaren in den Social Media
- dem Betriebsklima
- Zusatzangeboten und Belohnungen für Auszubildende

Besondere Leistungen

Viele Handwerksbetriebe versuchen mit besonderen Leistungen zu punkten. Teilweise werden sie dabei von den Fachorganisationen oder durch Ausbildungskooperationen unterstützt. So werden Auszubildenden beispielsweise geboten:

- Nachhilfekurse für die Berufsschule
- Sprachkurse
- spezielle Vorbereitungstrainings für praktische Prüfungen
- die Nutzung eines Firmenwagens als Belohnung für gute Noten
- Teilnahme an allen Weiterbildungsangeboten des Betriebs
- Karriereplan für die Meisterausbildung oder den Betriebswirt des Handwerks schon während der Ausbildung
- Zuverlässigkeitsprämien, z. B. in Form von Tankgutscheinen oder Handykarten
- Auszubildendenaustausch im In- und Ausland
- Smartphones und Tablets
- Finanzielle Unterstützung für den Führerschein

- Teilnahme an Leistungswettbewerben
- Spezielle Betreuung durch Ausbildungspaten.

Um die Angebote eines Betriebs den Jugendlichen und ihren Eltern zu präsentieren, eignen sich vor allem die Website des Betriebs und die Social Media-Portale. Hier können die Ausbildungsstelle, die Ausbildungsanforderungen, der Ausbildungsverlauf und der Betrieb in Text, Bild und Video dargestellt werden.

Zugangswege

Weitere wichtige Zugangswege zu Auszubildenden sind

- Präsentation des Betriebs während des Schulunterrichts
- Kontakte zu Lehrern
- Schulpraktika
- Betriebsbesichtigungen für Schulklassen oder Jugendgruppen der Sportvereine
- Schulkooperationen mit Beteiligung an Schulprojekten, Schulfesten und Projekttagen
- Vergabe von Projekt- und Bachelorarbeiten
- Präsentation auf Ausbildungsmessen
- Ausbildungsbörsen

Es empfiehlt sich, als Betrieb mehrgleisig vorzugehen. Und notwendig ist, bei der Gestaltung aller Maßnahmen, die Sprache, die Kommunikationsformen, den Geschmack und die Erwartungen der Zielgruppe zu berücksichtigen.

3.3 Personalauswahl

Fallbeispiel 9

Handlungssituation (Fallbeispiel)

Jens Funke ist ganz zufrieden. Auf die ausgeschriebene Meisterstelle in seinem Elektrofachbetrieb hat er 5 Bewerbungen erhalten. Nach der ersten Durchsicht der Unterlagen hat er zwar einen der Kandidaten schon aussortiert, doch die anderen Bewerber machen einen sehr guten Eindruck.

Besonders Paul Faller gefällt ihm. Er wirkt sehr sympathisch auf dem Foto. Und zufälligerweise war er auch noch auf der gleichen Meisterschule wie er. Doch wie soll Jens Funke nun weiter verfahren?

Situationsbezogene Fragen

- Welche Informationen benötigt Jens Funke für seine Auswahl?
- Wie kann er die Bewerber miteinander vergleichen?
- Welche Instrumente der Personalauswahl würden Sie Jens Funke empfehlen?
- Wie kann er nun systematisch vorgehen?

3.3.1 Die Eignung

Ziel der Personalauswahl ist es, das Eignungspotenzial von Bewerbern zu ermitteln und einen geeigneten Mitarbeiter für eine offene Stelle zu finden.

Dabei ist zu unterscheiden zwischen einer geeigneten Arbeitskraft für die Stelle und der am besten geeigneten Arbeitskraft in der Auswahl der Bewerber.

Eignungsprofil

Eignung orientiert sich ausschließlich an den Anforderungen der Stelle. Geeignet ist ein Mitarbeiter, wenn seine Fähigkeiten (unter Berücksichtigung seiner Entwicklungsmöglichkeiten) dem Anforderungsprofil der Stelle entsprechen. Nur dann besteht die Chance, dass er die Stelle wirklich mit Erfolg ausfüllen kann. Den Grad der Eignung zeigt das Eignungsprofil (siehe Abschnitt 2.2.4.2).

Schneidet ein Bewerber zwar im Vergleich besser ab als alle anderen Bewerber, entspricht er aber nicht ausreichend den Anforderungen, ist er ungeeignet. Seine Arbeitsleistung wird entweder gar nicht oder nur nach entsprechender Weiterbildung zu den gewünschten Ergebnissen führen.

Anforderungskriterien

Das Anforderungsprofil der Stelle kann Mindestanforderungen oder Muss-Anforderungen (sogenannte k.o.-Kriterien) enthalten. Ist aus den Bewerbungsunterlagen ersichtlich, dass der Bewerber beide Anforderungen nicht erfüllt, wird er von Anfang an aus dem Auswahlverfahren ausgeschlossen.

Werden die Anforderungskriterien nicht schon vor Beginn der Personalauswahl eindeutig definiert, besteht die Gefahr einer rein subjektiven Auswertung. Der Mensch neigt dazu, in anderen Menschen die eigenen Fähigkeiten und Eigenschaften zu suchen. Ähnlich erscheinende Menschen werden als sympathisch und positiv wahrgenommen. Dies kann zu fatalen Fehlbesetzungen führen, wenn der Beurteiler im Auswahlverfahren eine Stelle besetzen muss, für die ganz andere Fähigkeiten gefragt sind als seine eigenen. Fehlen objektive Bewertungskriterien, wird dann nämlich häufig der dem Beurteiler am sympathischsten erscheinende Bewerber dem objektiv geeignetsten vorgezogen.

3.3.2 Auswirkungen des Allgemeinen Gleichbehandlungsgesetzes (AGG)

Schutz vor Diskriminierung

Ein Schwerpunkt des Allgemeinen Gleichbehandlungsgesetzes (umgangssprachlich auch als Antidiskriminierungsgesetz bezeichnet) ist der Schutz vor Diskriminierung am Arbeitsplatz. Ziel des Gesetzes ist es, „Benachteiligungen aus Gründen der Rasse oder wegen der ethnischen Herkunft, des Geschlechts, der Religion oder Weltanschauung, einer Behinderung, des Alters oder der Sexualität zu verhindern oder zu beseitigen.“ [94]

Für die Personalauswahl bedingt dies, allen ernsthaften Bewerbern gleiche Chancen einzuräumen. Ausnahmen bestehen nur, wenn beispielsweise eine ganz bestimmte Ausprägung der genannten Eigenschaften eine unverzichtbare Voraussetzung für die Tätigkeit darstellt (z. B. die weibliche Rolle in einem Theaterstück kann nur von einer Frau besetzt werden) oder etwa ein definiertes Mindest- oder Höchstalter eine altersbedingte Ungleichbehandlung rechtfertigt.

Ausnahmen

Zu den **praktischen Auswirkungen** des AGG in der Personalbeschaffung und -auswahl gehören folgende Punkte:

Praktische Auswirkungen

- Alle Stellen werden in Stellenanzeigen sowohl weiblich als auch männlich formuliert (z. B. Maler/in oder Maler [m/w]).
- Es gibt keine Altershinweise in Stellenanzeigen.
- Anforderungsprofile werden nicht offengelegt.
- Die Fragen für ein Bewerbungsgespräch werden vorab auf die Einhaltung des AGG überprüft.
- In vielen Betrieben werden Bewerbungsgespräche von mindestens zwei Beurteilern geführt.
- Absagen werden von den meisten Betrieben nicht mehr begründet.

Einige Großunternehmen testen bereits die **anonyme Bewerbung.** Indem z. B. der Name, das Alter, der Familienstand, die Religion, die Nationalität, eine Behinderung oder auch das Foto in der Bewerbung nicht offengelegt werden, soll eine Diskriminierung des Bewerbers verhindert werden. [95]

3.3.3 Die Bewerbungsunterlagen

Fallbeispiel 10

Handlungssituation (Fallbeispiel)

Vanessa Krämer arbeitet seit 12 Jahren als Halbtagskraft im Malerbetrieb ihres Schwagers. Da ihre Kinder jetzt aus dem Haus sind, möchte sie sich noch einmal beruflich verändern. Sie würde gerne neue Menschen kennen lernen und ihre Buchhaltungskenntnisse besser zum Einsatz bringen. Was ihr vorschwebt, ist eine Ganztagsstelle im Büro eines größeren Handwerksbetriebs. In der Zeitung hat sie schon ein paar interessante Stellenanzeigen entdeckt.

Um sich zu bewerben, benötigt Vanessa Krämer aussagefähige Bewerbungsunterlagen. Ihre letzte Bewerbung liegt schon lange zurück. Sie weiß gar nicht genau, wie eine Bewerbung heute auszusehen hat. Und es würde sie sehr interessieren, auf was Arbeitgeber bei der Beurteilung einer Bewerbung achten.

Situationsbezogene Fragen

- Können Sie Vanessa Krämer Hinweise geben?
- Was gehört zu einer aussagefähigen Bewerbung?
- Nach welchen Aspekten werden Bewerbungsunterlagen im Betrieb analysiert?
- Welche Tipps würden Sie Vanessa Krämer mit auf den Weg geben?

3.3.3.1 Umgang mit den Bewerbungsunterlagen

Bewerbungsunterlagen gehen per Post oder Mail im Betrieb ein, oder sie werden vom Bewerber persönlich abgegeben.

Die Bewerbungsunterlagen bestehen in der Regel aus Bewerbungs- bzw. Motivationsschreiben, Bewerbungsfoto sowie Lebenslauf und Zeugnissen. Bei Online-Bewerbungen kommt noch das Bewerbungsformular hinzu.

Der Mangel an Fachkräften hat die Erwartungen einiger Unternehmen an den Umfang und die Form der Bewerbungsunterlagen in jüngster Zeit allerdings verändert. Um die Bewerbung zu vereinfachen, verzichten sie beispielsweise auf das Bewerbungs- bzw. Motivationsschreiben. Und mancher Arbeitgeber akzeptiert im ersten Schritt sogar auch ein mit der Handykamera gedrehtes Kurzvideo.

Aufbewahrung und Schutz

Jedes Unternehmen ist verpflichtet, die Bewerbungsunterlagen sorgfältig aufzubewahren, sie vor unberechtigtem Zugriff zu schützen und sie bei einer Ablehnung unversehrt, ohne Bewerbungsschreiben, an den Bewerber zurückzusenden. [96]

Nach einer ersten Durchsicht werden die Bewerbungen danach unterteilt, ob sie den Anforderungen grob entsprechen oder nicht. Erstere gehen in eine zweite Auswertungsrunde, die anderen werden zurückgeschickt.

Eingangsbestätigung

Falls es mehrere Tage dauert, bis man sich ein genaueres Bild über die Bewerbungen verschaffen kann, ist es sinnvoll und ein Zeichen eines aufmerksamen Arbeitgebers, dass man den Bewerbern den Eingang ihrer Unterlagen schriftlich bestätigt und sie über das weitere Vorgehen informiert. Interessante Bewerber sind ansonsten evtl. verärgert oder nehmen ein anderes Angebot an.

3.3.3.2 Prüfung der Bewerbungsunterlagen

Bei der genaueren Prüfung der Bewerbungsunterlagen spielt zunächst der **Gesamteindruck** eine Rolle:

- Sind alle geforderten Unterlagen vorhanden?
- Stimmen überall Adresse und Anrede?
- Sind die Unterlagen ordentlich sortiert und verpackt?
- Sind die Unterlagen ansprechend gestaltet?

- Stimmt die Rechtschreibung?

Schon auf den ersten Blick negativ wirken

Negative Wirkung

- falsche oder falsch geschriebene Firmennamen,
- falsche oder fehlende Anreden,
- fehlender Absender,
- Flecken,
- intensiver Rauchgeruch,
- Eselsohren,
- Durchstreichungen,
- grobe Rechtschreib- und Grammatikfehler,
- Lose-Blatt-Sammlungen.

Wobei insgesamt immer zu berücksichtigen ist, um welche Stelle es geht. An Führungskräfte werden höhere Ansprüche gestellt als an einfache Facharbeiter.

Im Anschluss werden die Einzelbestandteile der Bewerbung analysiert:

- **Bewerbungsschreiben**
  Mit dem Anschreiben zeigt der Bewerber sein Interesse an der zu besetzenden Stelle. Es enthält meist [97]:

  Inhalte

  - Hinweise darauf, wie er auf die Ausschreibung und den Betrieb aufmerksam geworden ist,
  - den Grund für die Bewerbung,
  - Fähigkeiten, Erfahrungen und Eigenschaften, die für die Stelle wichtig sind,
  - den möglichen Eintrittstermin,
  - eventuell den Gehaltswunsch.

  Interessant am Bewerbungsschreiben sind die formale Gestaltung, der sprachliche Stil und der Inhalt. Der Bewerber punktet, wenn die Bewerbung individuell und ernsthaft erscheint, und wenn sich direkte Bezüge zu den Anforderungen der Stelle erkennen lassen.

- **Bewerbungsfoto**

  Erster Eindruck

  Fotos geben nicht immer einen Rückschluss auf die Fähigkeiten eines Menschen – sie prägen jedoch stark den subjektiven ersten Eindruck eines Beurteilers. Er wird sowohl beeinflusst von der Optik des Bewerbers als auch von der Professionalität der Aufnahme.

- **Lebenslauf**
  Der Lebenslauf gibt Hinweise auf die persönliche und berufliche Entwicklung des Bewerbers. Er enthält die persönlichen Daten sowie Informationen zu

- Familienstand,
- schulischer und beruflicher Ausbildung,
- Prüfungen,
- Zusatzqualifikationen,
- bisheriger Berufstätigkeit,
- Weiterbildungen,
- gesellschaftlichem Engagement.

Prüfung des Lebenslaufs

Der Lebenslauf wird nach mehreren Gesichtspunkten geprüft [98]:

- **Zeitfolgeanalyse**
  Ist der Lebenslauf durchgängig oder zeigt er Lücken? Wie sind die Lücken begründet? Ist die Häufigkeit der Arbeitsplatzwechsel angemessen?
- **Firmen- und Branchenanalyse**
  Bringt der Bewerber verwertbare Erfahrungen über den Markt und die Branche mit? Hat er Erfahrungen mit der entsprechenden Betriebsgröße?
- **Positionsanalyse**
  Hat der bisherige Berufsweg einen kontinuierlichen Verlauf? Gibt es berufliche Auf- und Abstiege? Gibt es Brüche und wie lassen sie sich erklären?

- **Zeugnisse**
  Bei den Zeugnissen sind **Schulzeugnisse** und **Arbeitszeugnisse** zu unterscheiden. Je weiter Schulzeugnisse zurückliegen, umso mehr verlieren sie an Gewicht.

  Arbeitszeugnisse geben Hinweise auf die Arbeit des Bewerbers bei früheren Arbeitgebern. Es gibt sie in Form des einfachen oder des qualifizierten Zeugnisses. Das **einfache Zeugnis** enthält Angaben zur Person sowie zur Art und der Dauer der Beschäftigung. Auf Wunsch des Arbeitnehmers wird der Grund für die Beendigung des Arbeitsverhältnisses genannt.

Qualifiziertes Zeugnis

Das **qualifizierte Zeugnis** enthält zusätzlich eine Beurteilung der Führung und Leistung eines Arbeitnehmers und besteht aus [99]:

- Überschrift „Zeugnis"
- Personalien
- Berufs- und Positionsbezeichnung
- Ein- und Austrittstermin
- Beschreibung der ausgeführten Tätigkeiten: Aufgaben, Verantwortung, Kompetenzen
- Beurteilung der Arbeitsleistung: Leistungsbereitschaft, fachliches Können, Arbeitserfolg, Arbeitsweise

- Beurteilung des Sozialverhaltens: Verhalten gegenüber Vorgesetzten und Mitarbeitern, ggf. Führungsverhalten, Verhalten gegenüber Dritten wie z. B. Kunden
- Grund des Ausscheidens
- Schlussfloskel: Dank, Bedauern, Zukunftswünsche
- Ausstellungsdatum und Unterschrift

Das Arbeitszeugnis soll einerseits wahr sein, andererseits jedoch aber auch wohlwollend für den Mitarbeiter formuliert werden. Dieses Dilemma hat zur Entwicklung einer regelrechten **„Zeugnissprache“** und zur Verwendung bestimmter Zeugnistechniken geführt.

Beispiele für diese **Zeugnistechniken** sind [100]:

Zeugnistechniken

- Leerstellentechnik:
  Wichtige Aspekte werden weggelassen. In der Formulierung „er genoss stets das Vertrauen seiner Mitarbeiter“ fehlen z. B. die Vorgesetzten.
- Reihenfolge-Technik:
  Der unwichtigere Aspekt wird zuerst genannt. In der Formulierung „bei den Kollegen und Vorgesetzten“ wäre die umgekehrte Reihenfolge angemessen.
- Einschränkungstechnik:
  Positiv klingende Aussagen werden relativiert. Die Formulierung „Wir wünschen künftig im neuen Unternehmen viel Erfolg“ deutet an, dass der Erfolg im aktuellen Unternehmen ausgeblieben ist.
- Negationstechnik
  Durch eine doppelte Verneinung, Verneinung des Gegenteils oder Verneinung von negativ besetzten Begriffen wird das Verhalten des Arbeitsnehmers kritisiert. Die Formulierung „Er erzielte einen nicht unerheblichen Umsatz“ drückt aus, dass die Umsatzerwartungen nicht erfüllt wurden.

Negative Formulierungen

Vieles wird in der Zeugnissprache nur indirekt angedeutet. Versäumnisse und Kritik werden in **spezielle Formulierungen** verpackt, wie z. B. [101]:

- „... war sehr tüchtig und wusste sich gut zu verkaufen“ weist auf einen unangenehmen Mitarbeiter hin;
- „... wegen seiner Pünktlichkeit stets ein gutes Vorbild“ deutet schwache Leistungen an
- „... trug durch seine Geselligkeit zur Verbesserung des Betriebsklimas bei“ beschreibt übermäßigen Alkoholgenuss.

Das Maß der Zufriedenheit mit dem Mitarbeiter lässt sich beispielsweise an den Formulierungen der Skala ablesen, die von der Arbeitsgemeinschaft selbstständiger Unternehmer entwickelt wurde [102]:

Formulierung:	steht für:
stets vollste Zufriedenheit	sehr gute Leistungen
stets volle Zufriedenheit	gute Leistungen
volle Zufriedenheit	befriedigende Leistungen
Zufriedenheit	ausreichende Leistungen
im Großen und Ganzen zur Zufriedenheit	mangelhafte Leistungen
hat sich bemüht	sehr mangelhafte Leistungen

Zeugnisformulierungen

Gefahr der Fehleinschätzung

Die Auswertung von Arbeitszeugnissen ist meist schwierig: zum einen ändern sich die Formulierungen der Zeugnissprache immer wieder und zum anderen sind sie nicht allen Betrieben bekannt. Dies kann zu Fehleinschätzungen führen.

3.3.4 Der Personalfragebogen

Um die wichtigsten persönlichen und beruflichen Daten der Bewerber systematisch zu erfassen und in eine übersichtliche Form zu bringen, nutzen einige Unternehmen Personalfragebögen. Die in der näheren Auswahl stehenden Bewerber werden gebeten, ihre Bewerbungsunterlagen durch Ausfüllen des Personalfragebogens zu ergänzen.

Im Bereich der gewerblichen Mitarbeiter wird der Personalfragebogen teilweise auch als alleinige Bewerbungsunterlage genutzt.

Unzulässige Fragen

Die Fragen des Personalfragebogens dürfen sich nur auf Aspekte beziehen, die für die Einstellung und die künftige Tätigkeit des Bewerbers wichtig sind. Es gibt eine ganze Reihe von Fragen, die sowohl im Personalfragebogen als auch in einem Bewerbungsgespräch unzulässig sind.

Werden die **unzulässigen Fragen** nicht oder falsch beantwortet, hat dies arbeitsrechtlich für den Bewerber keine Folgen. Beantwortet er aber zulässige Fragen unvollständig oder falsch, kann der Arbeitgeber den Arbeitsvertrag anfechten, fristlos kündigen und gegebenenfalls sogar Schadenersatz beanspruchen.

Unzulässig sind Fragen nach

- der Religions- und Parteizugehörigkeit
  Es sei denn, es handelt sich um eine Stelle in einem Tendenzbetrieb (z. B. Kirche, konfessionelles Krankenhaus oder Partei)
- der Gewerkschaftszugehörigkeit
  Es sei denn, um die Tarifzugehörigkeit festzustellen.
- den Vermögensverhältnissen
  Es sei denn, die angestrebte Position (z. B. Buchhalter oder Einkäufer) setzt die finanzielle Unabhängigkeit des Bewerbers voraus oder bedingt ein besonderes Vertrauensverhältnis zum Arbeitgeber.
- Vorstrafen
  Es sei denn, sie stellen die Eignung des Bewerbers für einen Beruf in Frage (z. B. Verkehrsstrafen bei Berufskraftfahrern oder Urkundendelikte bei Buchhaltern)
- Krankheiten und Behinderung
  Sofern sie nicht die Arbeitsfähigkeit des Bewerbers einschränken.
- Schwangerschaft
  Es sei denn, bei Schwangerschaft würde ein Beschäftigungsverbot bestehen oder die Schwangere könnte von Beginn an ihre Tätigkeit nicht ausüben.

Offenbarungspflicht

Für bestimmte Sachverhalte gibt es für den Bewerber eine Offenbarungspflicht. Kommt er dieser nicht spätestens im Vorstellungsgespräch nach, hat dies die gleichen Folgen wie eine Falschaussage auf eine zulässige Frage.

Eine **Offenbarungspflicht** besteht z. B. wenn der Bewerber

- durch eine Schwerbehinderung die vereinbarte Arbeitsleistung nicht wird erbringen können,
- bei Arbeitsantritt in Kur sein wird,
- demnächst eine Haftstrafe anzutreten hat,
- aus dem letzten Beschäftigungsverhältnis ein Wettbewerbsverbot zum Tragen kommt.

3.3.5 Das Personalauswahlgespräch

Fallbeispiel 11

Handlungssituation (Fallbeispiel)

Jens Funke (siehe Beispiel oben), der Inhaber des Elektrofachbetriebs, der eine Meisterstelle besetzen möchte, hat sich in aller Ruhe die Bewerbungsunterlagen der vier verbliebenen Kandidaten angesehen. Er würde sich jetzt gern ein persönliches Bild von den Bewerbern machen. Außerdem hat er zu manchem Lebenslauf auch noch Fragen.

Jens Funke hat alle Bewerber für nächsten Dienstagnachmittag eingeladen. Er ist sich sicher, dass er noch am gleichen Abend eine Entscheidung treffen kann. In die Gespräche möchte er ganz locker hineingehen. Eine große Vorbereitung scheint ihm nicht notwendig zu sein. Er wird die Kandidaten etwas von sich erzählen lassen und glaubt, dass sich daraus schon die weiteren Fragen entwickeln werden.

Situationsbezogene Fragen

- Was halten Sie von Jens Funkes Vorgehensweise?
- Welche Probleme könnten dadurch entstehen?
- Was würden Sie Jens Funke raten?

3.3.5.1 Anforderungen und Fehlerquellen

Das Personalauswahlgespräch (auch Bewerbungs- oder Vorstellungsgespräch genannt) dient dazu,

Funktionen des Personalauswahlgesprächs

- sich einen persönlichen Eindruck vom Bewerber zu verschaffen,
- seine Eignung genauer zu prüfen,
- Ungereimtheiten und Fragen aus den Bewerbungsunterlagen zu klären,
- die Wünsche und Vorstellungen des Bewerbers zu ermitteln und
- seine Fragen zu Betrieb und Stelle zu beantworten.

Werden Gespräche mit mehreren Bewerbern geführt, sollte eine Vergleichbarkeit dieser Gespräche gesichert sein. Dabei helfen eine Auswahl an vorbereiteten Fragen, die allen Bewerbern in gleicher Form gestellt werden, und eine Dokumentation der Antworten.

Nach dem Standardisierungsgrad werden unterschieden:

- **Freie Gespräche**
  Weder Ablauf noch Inhalt des Gesprächs sind festgelegt, was die Flexibilität des Beurteilers erhöht, aber die Auswertung und Vergleichbarkeit des Gesprächs erschwert.

- **Strukturierte Gespräche**
  Es gibt einen Leitfaden mit Fragen, die unbedingt geklärt werden sollen, ansonsten wird das Gespräch frei gestaltet und um weitere situationsbezogene Fragen ergänzt.

- **Standardisierte Gespräche**
  Sämtliche Fragen und ihre Reihenfolge sind für das Gespräch vorgegeben, was keinerlei Anpassung an die Persönlichkeit des Bewerbers erlaubt, jedoch eine einfache Auswertung ermöglicht.

Für ein aussagefähiges Bewerbungsgespräch sind hilfreich:

Voraussetzungen für ein aussagekräftiges Bewerbungsgespräch

- Einsatz von zwei Beurteilern: einer stellt die Fragen, der andere schreibt mit.
- Ausreichende Pausen zwischen den Gesprächen, um sich auszutauschen.
- Listen für jeden Bewerber mit bisher ungeklärten Daten und Fragen aus den Bewerbungsunterlagen.
- Gesprächsvorbereitung auf der Grundlage des Anforderungsprofils der Stelle.
- Ungestörte Gesprächssituation und -umgebung.
- Freundliche, wertschätzende Gesprächsatmosphäre ohne Zeitdruck.
- Zurückhaltung der Beurteiler: sie sprechen wenig, um dem Bewerber ausreichenden Rede- und Präsentationsraum zu bieten, und geben wenig verbale und non-verbale Reaktionen auf seine Antworten, um ihn nicht zu beeinflussen.
- Ausreichende Antwortzeiten für den Bewerber ohne Unterbrechungen.
- Eine genauere Vorstellung des Betriebs und Fragemöglichkeiten für den Bewerber erst am Ende des Gesprächs.
- Trennung von Informationssammlung und Entscheidung: mindestens eine Nacht zwischen den Gesprächen und einer Bewerberauswahl verstreichen lassen, um Überlagerungseffekte zu vermeiden.

Zu **Beurteilungsfehlern** kann es kommen, wenn

Gründe für Beurteilungsfehler

- dem Bewerber durch Suggestivfragen erwünschte Antworten nahegelegt werden, die seine Einstellungen jedoch gar nicht widerspiegeln;
- ein Beurteiler seine eigene Persönlichkeit als Maßstab verwendet und ähnliche Eigenschaften ohne Rücksicht auf die Stellenanforderungen als positiv bewertet;
- der Eindruck vom vorhergehenden Bewerber noch zu intensiv ist und der Vergleich die Bewertung des jetzigen Bewerbers zu stark beeinflusst;
- die Fragen zu wenig an den Anforderungen der Stelle ausgerichtet sind;
- sich der Beurteiler an einem Sachverhalt festbeißt und andere Themen dadurch vernachlässigt;
- der Beurteiler voreingenommen ist und nur Fragen stellt, die seinen ersten Eindruck untermauern sollen.

3.3.5.2 Ablauf und Inhalte

Das Personalauswahlgespräch hat mehrere **Phasen**

Phasen des Personalauswahlgesprächs

- Begrüßung: Vorstellung der Gesprächspartner, Dank für die Bewerbung, vertrauensbildende Fragen und Informationen.
- Präsentation des Bewerbers: Besprechung der Eigenschaften, Fähigkeiten, bisherigen Tätigkeiten, Erfahrungen und Erwartungen des Bewerbers.
- Vorstellung des Betriebs: z. B. Informationen zu Stelle, Betriebsgröße, Struktur, Leistungsspektrum und Kunden.
- Fragen des Bewerbers.
- Vertragsverhandlung: Abklärung von Entgelt, Arbeitszeit und sonstigen Betriebsleistungen.
- Gesprächsabschluss: Dank für das Gespräch, Hinweise auf die weitere Vorgehensweise.
- Auswertung.

Die Fragen an den Bewerber im Personalauswahlgespräch können offen oder geschlossen formuliert werden. **Offene Fragen** beginnen mit einem Fragewort (z. B. wer, wie, wo, was, wieso, weshalb, warum) und sollen den Befragten zu einem Antwortsatz aktivieren. **Geschlossene Fragen** beginnen mit einem Verb (z. B. haben, können, wollen) und können beantwortet werden mit „Ja“, „nein“ oder „Weiß nicht“.

Vorteile der offenen Fragen

Da offene Fragen dem Beurteiler mehr Informationen über den Bewerber und eine bessere Vorstellung von seiner persönlichen Art und Kommunikationsweise geben, sollten sie im Personalauswahlgespräch überwiegen.

Fragebeispiele für das Bewerbungsgespräch sind:

- Wie sind Sie auf unser Unternehmen aufmerksam geworden?
- Was wissen Sie über unser Unternehmen bereits?
- Was veranlasst Sie, sich gerade bei uns zu bewerben?
- Was macht Sie für die ausgeschriebene Stelle besonders geeignet?
- Warum wollen Sie die Arbeitsstelle wechseln?
- Warum haben Sie gerade diesen Beruf gewählt?
- Was war Ihrer Meinung nach Ihr bisher größter Erfolg?
- Welche Tätigkeiten führen Sie gerne aus? Weshalb?
- Wie gehen Sie mit ...-Situationen um?
- Was würden Sie in einer ...-Situation tun?
- Was ist Ihnen an Ihrer Arbeit wichtig?
- Welche Interessen haben Sie außerhalb Ihrer Arbeit?
- Wie bleiben Sie fachlich auf dem neuesten Stand?

- Welche Fortbildungen haben Sie gemacht? Wie haben Sie diese Kenntnisse eingesetzt?
- Welche berufliche Zielplanung haben Sie?
- Welche Gehaltsvorstellungen haben Sie? Wie viele Arbeitsstunden stellen Sie sich für dieses Gehalt vor?
- Wann können Sie frühestmöglich anfangen?

Auswertung

Die Art der Fragen richtet sich nach der zu vergebenden Stelle. Die Antworten des Bewerbers werden protokolliert. Nach einer gemeinsamen Abstimmung der Beurteiler und einer genauen Analyse des gesamten Gesprächs wird für jeden Bewerber ein separater Auswertungsbogen erstellt. Es kann sein, dass auch mehrere Gespräche mit einem Bewerber geführt werden.

Das Ergebnis des gesamten Personalauswahlverfahrens ist eine **Eignungseinschätzung** jedes Bewerbers. Sie kann auch im **Eignungsprofil** Ausdruck finden. Dazu wird nach der Auswertung von Bewerbungsunterlagen, Personalauswahlgespräch und gegebenenfalls weiteren Eignungstests und Arbeitsproben das Fähigkeitsprofil des Bewerbers erstellt und mit dem Anforderungsprofil der Stelle abgeglichen.

Der Grad der Eignungsübereinstimmung und ein Vergleich der Bewerber führen letztlich zur Auswahlentscheidung und gegebenenfalls Einstellung des neuen Mitarbeiters.

3.3.6 Einstellungstests und Arbeitsproben

Einstellungstests und Arbeitsproben können das Bild eines Bewerbers abrunden.

Zu den **Einstellungstests** zählen [103]:

Einstellungstest

- Leistungstests
  Sie untersuchen die Leistungsfähigkeit des Bewerbers anhand von Leistungsmerkmalen wie etwa Konzentration oder Geschicklichkeit (z. B. Drahtbiegeprobe)
- Intelligenztests
  Sie untersuchen die Intelligenzstruktur des Bewerbers. Zu den Faktoren der Intelligenz gehören die Sprachgewandtheit, das Denkvermögen, die Kombinationsfähigkeit, die Raumvorstellung und die Rechengewandtheit.
- Persönlichkeitstests
  Sie erfassen u. a. Interessen, Einstellungen, Neigungen, charakterliche Eigenschaften und soziale Verhaltensweisen.

Vor allem Intelligenztests und Persönlichkeitstests sind im Handwerk bisher wenig verbreitet.

Arbeitsproben gibt es als [104]:

Arbeitsproben

- Proben, die bereits mit den Bewerbungsunterlagen eingereicht werden (z. B. Entwürfe)
- Proben, die im Betrieb unter Aufsicht angefertigt werden (z. B. Kalkulationsaufgabe oder Angebotserstellung)
- Probearbeiten: der Bewerber verbringt ein oder mehrere Tage im Betrieb und erledigt stellentypische Arbeiten

Viele Handwerksbetriebe nutzen die Möglichkeit des Probearbeitens, um die Arbeitsweise eines Bewerbers vor Ort zu beobachten und zu prüfen, wie er sich in die Teamstruktur einfügt.

3.3.7 Das Assessment-Center

Beim Assessment-Center (AC) handelt es sich um ein **Gruppenauswahlverfahren**, bei dem die Teilnehmer meist über mehrere Tage von geschulten Beobachtern auf verschiedene Anforderungsmerkmale hin untersucht werden. Im Mittelpunkt stehen dabei Qualifikationen wie Kommunikationsfähigkeit, Teamfähigkeit und Selbstorganisation.

Zu den **Grundprinzipien** des Assessment-Centers gehören [105]:

Grundprinzipien

- Verhaltensorientierung
- Methodenvielfalt
- Mehrfachbeurteilung
- Beobachtung und Bewertung gleicher Anforderungen in wechselnden Situationen
- Trennung von Beobachtung und Beurteilung

Typische Übungen im Assessment-Center sind

- Einzelübungen (z. B. Postkorbübung)
- Gruppenarbeiten (z. B. Planspiele)
- Gruppendiskussionen
- Präsentationen
- Rollenspiele

Assessment-Center bieten direkte Vergleichsmöglichkeiten unter den Kandidaten und zeigen viele Aspekte des Arbeits- und Sozialverhaltens. Sie sind allerdings aufwändig und kostspielig. Im Handwerk sind sie wenig verbreitet.

Kompetenzüberprüfung Lernsituation 3

Kompetenzüberprüfung

Erinnern Sie sich noch an Werner Schäfer? Er hat zu Beginn dieser Lernsituation nach einem Bauleiter für sein Unternehmen gesucht. Bitte beantworten Sie mit Ihren neuen Kenntnissen die folgenden Fragen:

- Was versteht man unter einer Abwerbung?
- Wo könnte Werner Schäfer eine Stellenanzeige schalten?
- Worauf hat er bei der Gestaltung der Anzeige zu achten?
- Wie kann er das Internet und die sozialen Medien für die Personalbeschaffung nutzen?
- Welche weiteren Maßnahmen könnte Werner Schäfer ergreifen, um einen Bauleiter zu finden?
- Wie kann er die Beurteilung seines Betriebs im Arbeitsmarkt ermitteln?
- Wie lässt sich die Attraktivität seines Betriebs steigern?
- Was versteht man unter einer Arbeitgebermarke und welche Vorteile bietet sie?
- Nach welchen Gesichtspunkten sollte Werner Schäfer die Bewerbungsunterlagen seiner Bewerber prüfen?
- Welche Beurteilungsfehler können bei einem Personalauswahlgespräch auftreten?

Die Autorin

Dipl. oec. Andrea Eigel hat Wirtschaftswissenschaften an der Universität Hohenheim studiert und ist Geschäftsführerin der Kaleidoskop Marketing-Service GmbH in Bietigheim-Bissingen.

Die Schwerpunkte ihrer Arbeit sind Vorträge, Seminare und Beratungen zu den Themen Personalmanagement, Marketing, Verkauf und Unternehmensstrategie. Sie ist eine profunde Kennerin des Handwerks und leitet seit vielen Jahren bundesweit Erfahrungsaustauschgruppen verschiedenster Gewerke.

Andrea Eigel ist Dozentin an der Dualen Hochschule Baden-Württemberg und unterrichtet an zahlreichen Weiterbildungsinstitutionen der Fachorganisationen und Kammern. Im Rahmen der Ausbildung zum/r Betriebswirt/in im Handwerk ist sie seit vielen Jahren an der Bildungsakademie Handwerkskammer Region Stuttgart tätig.

Quellenverzeichnis

1 vgl. www.csr-und-mehr.de/glossar/u/unternehmenskultur vom 07.07.2013

2 vgl. www.inifa.de/unternehmenskultur/vom 10.09.2013

3 www. schacht-kommunikation.com/publikationen/artikel/unternehmenskultur-als-wirtschaftlicher-erfolgsfaktor-21-02-2013/vom 12.08.2013
[Michael Leitl und Sonja Sackmann, Unternehmenskultur als Erfolgsfaktor, Harvard Business Manager, Januar 2010]

4 www.umsetzungsberatung.de/downloads/strategien kulturveraenderung.pdf vom 18.09.2013
[Winfried Berner, Praktische Strategien zur Veränderung der Unternehmenskultur, Sonderdruck Praxis Handbuch Unternehmensführung, Haufe Verlag 2000]

5 vgl. Amely, Tobias und Thomas Krickhahn: BWL für Dummies, Weinheim 2009, S. 38

6 vgl. www.inifa.de/unternehmenskultur/vom 10.09.2013

7 vgl. yumpu.com/de/document/view/15022106/organisationsgrundlagen-organisation-und-unternehmenskulturvom 07.07.2013

8 http://www.absatzwirtschaft.de/content/_p=1004040,an=108901076 vom 13.09.2013

9 vgl. Amely, Tobias und Thomas Krickhahn: BWL für Dummies, Weinheim 2009, S. 246

10 Landau, David: Unternehmenskultur und Organisationsberatung. Über den Umgang mit Werten in Veränderungsprozessen, Heidelberg 2007, 2. Auflage, S. 7f.

11 www.csr-und-mehr.de/glossar/e/ethikunternehmensethik vom 07.07.2013

12 vgl. www.zfwu.de/fileadmin/pdf/3_2000/Sonja_Grabner_Kraeuter.pdf vom 07.07.2013

13 vgl. www.forschungsnetzwerk.at/downloadpub/unternehmenskultur_Matthaei_Ingrid_iso.pdf vom 07.07.2013

14 vgl. http://library.fes.de/gmh/main/pdf-files/gmh/1994/1994-06-a-349.pdf vom 16.09.2013

15 vgl. www.daswirtschaftslexikon.com/d/werte_und_wertewandel/werte_und_wertewandel.htm vom 16.09.2013

16 vgl. Jung, Hans: Personalwirtschaft, München 2011, 9. Auflage, S. 848f.

17 Jung, Hans: Personalwirtschaft, München 2011, 9. Auflage, S. 848

18 http://www.absatzwirtschaft.de/content/_p=1004040,an=108901076 vom 13.09.2013

19 http://wirtschaftslexikon.gabler.de/Archiv/55410/corporate-identity-v7.html vom 12.09.2013

20 vgl. http://wirtschaftslexikon.gabler.de/Archiv/55410/corporate-identity-v7.html vom 12.09.2013

21 vgl. www. umsetzungsberatung.de/unternehmenskultur/kulturveraenderung.php vom 15.09.2013

22 www. umsetzungsberatung.de/unternehmenskultur/kulturveraenderung.php vom 15.09.2013

23 vgl. www.umsetzungsberatung.de/downloads/Strategien_Kulturveraenderung.pdf vom 18.09.2013

24 vgl. www.olev.de/l/leitbild.htm vom 12.09.2013

25 vgl. www.arge-hr.com/docs/leitbild.pdfb vom 12.09.2013

26 vgl. www.umsetzungsberatung.de/downloads/Strategien_Kulturveraenderung.pdf vom 18.09.2013

27 vgl. Hinding, Barbara und Michael Kastner: Abschlussbericht zum Projekt Gestaltung von lernförderlichen Unternehmenskulturen zu Sicherheit und Gesundheit bei der Arbeit, Hrsg. Bundesanstalt für Arbeitsschutz und Arbeitsmedizin, Dortmund, Berlin, Dresden 2011, S. 27

28 vgl. Hinding, Barbara und Michael Kastner: Abschlussbericht zum Projekt Gestaltung von lernförderlichen Unternehmenskulturen zu Sicherheit und Gesundheit bei der Arbeit, Hrsg. Bundesanstalt für Arbeitsschutz und Arbeitsmedizin, Dortmund, Berlin, Dresden 2011, S. 27

29 vgl. Hinding, Barbara und Michael Kastner: Abschlussbericht zum Projekt Gestaltung von lernförderlichen Unternehmenskulturen zu Sicherheit und Gesundheit bei der Arbeit, Hrsg. Bundesanstalt für Arbeitsschutz und Arbeitsmedizin, Dortmund, Berlin, Dresden 2011, S. 28

30 Hinding, Barbara und Michael Kastner: Abschlussbericht zum Projekt Gestaltung von lernförderlichen Unternehmenskulturen zu Sicherheit und Gesundheit bei der Arbeit, Hrsg. Bundesanstalt für Arbeitsschutz und Arbeitsmedizin, Dortmund, Berlin, Dresden 2011, S. 28f.

31 vgl. RKW Berlin: Diversity Management in kleinen und mittleren Unternehmen, Berlin 2010, S. 9

32 vgl. www.csr-und-mehr.de/glossar/d/diversity-management vom 16.09.2013

33 vgl. RKW Berlin: Diversity Management in kleinen und mittleren Unternehmen, Berlin 2010, S. 6

34 www.gender-management.de/index.php?id=12 vom 18.09.2013

35 vgl. vgl. RKW Berlin: Diversity Management in kleinen und mittleren Unternehmen, Berlin 2010

36 vgl. Wirtschaftsministerium Baden-Württemberg (Hrsg.): Praxis-Handbuch Fachkräfte für den baden-württembergischen Mittelstand, Stuttgart 2008, S. 83

37 vgl. Wirtschaftsministerium Baden-Württemberg (Hrsg.): Praxis-Handbuch Fachkräfte für den baden-württembergischen Mittelstand, Stuttgart 2008, S. 84f.

38 vgl. Wirtschaftsministerium Baden-Württemberg (Hrsg.): Praxis-Handbuch Fachkräfte für den baden-württembergischen Mittelstand, Stuttgart 2008, S. 81ff.

39 Rauch, Sandra: Die neuen Gastarbeiter in: Handwerk Magazin 10/2012, S. 36–38

40 vgl. Olfert, Klaus: Personalwirtschaft, Herne 2012, 15. Auflage, S. 95

41 vgl. Albert, Günther: Betriebliche Personalwirtschaft, Herne 2011, 11. Auflage, S. 50

42 vgl. Olfert, Klaus: Personalwirtschaft, Herne 2012, 15. Auflage, S. 98

43 vgl. Jung, Hans: Personalwirtschaft, München 2011, 9. Auflage, S. 127

44 vgl. Jung, Hans: Personalwirtschaft, München 2011, 9. Auflage, S. 124

45 vgl. Albert, Günther: Betriebliche Personalwirtschaft, Herne 2011, 11. Auflage, S. 52f.

46 vgl. Albert, Günther: Betriebliche Personalwirtschaft, Herne 2011, 11. Auflage, S. 53

47 www.personalabteilung.tu-berlin.de/fileadmin/abt6/Allgemein/Leitfaden_Anforderungsprofil_und_Auswahlverfahren.pdf vom 30.08.2013

48 vgl. Olfert, Klaus: Personalwirtschaft, Herne 2012, 15. Auflage, S. 137

49 Olfert, Klaus: Personalwirtschaft, Herne 2012, 15. Auflage, S. 138

50 vgl. Olfert, Klaus: Personalwirtschaft, Herne 2012, 15. Auflage, S. 138

51 www.zeitarbeit-und-recht.de/tce/frame/main629.htm vom 02.08.2013

52 Albert, Günther: Betriebliche Personalwirtschaft, Herne 2011, 11. Auflage, S. 99

53 Albert, Günther: Betriebliche Personalwirtschaft, Herne 2011, 11. Auflage, S. 65

54 vgl. Olfert, Klaus: Personalwirtschaft, Herne 2012, 15. Auflage, S. 235

55 Jung, Hans: Personalwirtschaft, München 2011, 9. Auflage, S. 334

56 vgl. Olfert, Klaus: Personalwirtschaft, Herne 2012, 15. Auflage, S. 526

57 vgl. Olfert, Klaus: Personalwirtschaft, Herne 2012, 15. Auflage, S. 205f.

58 vgl. Olfert, Klaus: Personalwirtschaft, Herne 2012, 15. Auflage, S. 205f.

59 vgl. Olfert, Klaus: Personalwirtschaft, Herne 2012, 15. Auflage, S. 207f.

60 vgl. Olfert, Klaus: Personalwirtschaft, Herne 2012, 15. Auflage, S. 214

61 vgl. Grimm, Hubert G. und Günther R. Vollmer: Personalführung, Bad Wörishofen 2009, 9. Auflage, S. 53

62 vgl. http://elpub.bib.uni-wuppertal.de/servlets/DerivateServlet/Derivate-1149/dg0604.pdf vom 04.08.2013

63 vgl. Albert, Günther: Betriebliche Personalwirtschaft, Herne 2011, 11. Auflage, S. 80

64 vgl. Olejnik, Christian F.: Personalmarketing, IFM-Institut für Managementlehre, Gelsenkirchen, Version 51-1, S. 9

65 vgl. Olejnik, Christian F.: Personalmarketing, IFM-Institut für Managementlehre, Gelsenkirchen Version 51-1, S. 10

66 vgl. http://elpub.bib.uni-wuppertal.de/servlets/DerivateServlet/Derivate-1149/dg0604.pdf vom 04.08.2013

67 vgl. http://io-business.de/wp-content/uploads/2010/06/08_09_01_Checkliste_Employer_Branding.pdf vom 04.08.2013

68 www.employerbranding.org/downloads/publikationen/DEBA_EB_Definition_Praeambel.pdf vom 06.08.2013

69 vgl. http://arbeitgeber.monster.de/hr/personal-tipps/rekrutierung-verguetung/personalmarketing/employer-branding-die-zustandsanalyse-qa066148.aspx vom 04.08.2013

70 vgl. Fischer, Raoul: Pfiffige Maßnahmen gesucht in: Personalmagazin 11/2011, S. 36

71 vgl. http://arbeitgeber.monster.de/hr/personal-tipps/rekrutierung-verguetung/personalmarketing/employer-branding-die-zustandsanalyse-qa066148.aspx vom 04.08.2013

72 vgl. www.hs-pforzheim.de/De-de/Hochschule/Einrichtungen/Foren-Hochschule-Wirtschaft/Vortragsdownloads2009/Documents/03p271109leitfaden-employer-branding.pdf vom 06.08.2013

73 vgl. www.brainguide.de/Kandidaten-dort-abholen-wo-sie-sind-Wie-Web-2-0-das-Reruiting-und-Personalmarketing-veraendert vom 06.08.2013

74 vgl. www.brainguide.de/Kandidaten-dort-abholen-wo-sie-sind-Wie-Web-2-0-das-Reruiting-und-Personalmarketing-veraendert vom 06.08.2013

75 vgl. Olfert, Klaus: Personalwirtschaft, Herne 2012, 15. Auflage, S. 133

76 www.competitiverecruiting.de/resources/Abwerben-von-Mitarbeitern+IHK+M$C3$BCnchen.pdf vom 08.08.2013

77 www.handwerk-magazin.de/fachkraeftemangel-was-im-handwerk-wirklich-hilft/150/512/175614 vom 08.08.2013

78 vgl. Olfert, Klaus: Personalwirtschaft, Herne 2012, 15. Auflage, S. 145

79 vgl. Olfert, Klaus: Personalwirtschaft, Herne 2012, 15. Auflage, S. 145f.

80 vgl. Olfert, Klaus: Personalwirtschaft, Herne 2012, 15. Auflage, S. 149

81 vgl. http://elpub.bib.uni-wuppertal.de/servlets/DerivateServlet/Derivate-1149/dg0604.pdf vom 04.08.2013

82 vgl. Albert, Günther: Betriebliche Personalwirtschaft, Herne 2011, 11. Auflage, S. 96

83 vgl. www08.mg.fh-niederrhein.de/dozenten/muelder/lehrangebot/ipus/flvw_5.pdf vom 04.08.2013

84 vgl. www08.mg.fh-niederrhein.de/dozenten/muelder/lehrangebot/ipus/flvw_5.pdf vom 04.08.2013

85 www.arbeitsagentur.de/nn_27210/Navigation/zentral/Servicebereich/Ueber-Uns/Aufgaben/Aufgaben-Nav,mode=print.html vom 10.08.2013

86 vgl. Wirtschaftsministerium Baden-Württemberg (Hrsg.): Praxis-Handbuch Fachkräfte für den baden-württembergischen Mittelstand, Stuttgart 2008, S. 20

87 vgl. www.hwk-stuttgart.de/fileadmin/downloads/Ausbildung/checklisteausbildung.pdf vom 30.09.2013

88 vgl. Olfert, Klaus: Personalwirtschaft, Herne 2012, 15. Auflage, S. 445

89 Albert, Günther: Betriebliche Personalwirtschaft, Herne 2011, 11. Auflage, S. 151

90 vgl. www.hwk-stuttgart.de/fileadmin/downloads/Ausbildung/b-heft_13.pdf vom 30.09.2013

91 vgl. www.personalwirtschaft.de/html/content/746/Ausbilder-Service—Kompaktwissen—Abschluss-des-Ausbildungsvertrages/ vom 30.09.2013

92 vgl. www.bmbf.de/pub/jobstarter_praxis_band_sechs.pdf vom 30.09.2013

93 Lerch, Katharina: Das Bewerberloch in : Mappe 06/2012, S. 12

94 www.bmfsfj.de/BMFSFJ/gesetze,did=81062.html vom 04.08.2013

95 vgl. Olfert, Klaus: Personalwirtschaft, Herne 2012, 15. Auflage, S. 156

96 vgl. Albert, Günther: Betriebliche Personalwirtschaft, Herne 2011, 11. Auflage, S. 120

97 vgl. Albert, Günther: Betriebliche Personalwirtschaft, Herne 2011, 11. Auflage, S. 106

98 vgl. Grimm, Hubert G. und Günther R. Vollmer: Personalführung, Bad Wörishofen 2009, 9. Auflage, S. 43

99 vgl. Olfert, Klaus: Personalwirtschaft, Herne 2012, 15. Auflage, S. 170

100 vgl. Grimm, Hubert G. und Günther R. Vollmer: Personalführung, Bad Wörishofen 2009, 9. Auflage, S. 44

101 vgl. Olfert, Klaus: Personalwirtschaft, Herne 2012, 15. Auflage, S. 172

102 vgl. Olfert, Klaus: Personalwirtschaft, Herne 2012, 15. Auflage, S. 170

103 vgl. Albert, Günther: Betriebliche Personalwirtschaft, Herne 2011, 11. Auflage, S. 117

104 vgl. Albert, Günther: Betriebliche Personalwirtschaft, Herne 2011, 11. Auflage, S. 109

105 vgl. https://en.fh-muenster.de/fb12/downloads/intranet/poser/3semester/Personalmarketing1.pdf vom 11.08.2013

Stichwortverzeichnis

F

G

I

K

L

M

N

O

P